冲积扇砾岩储层构型与水驱油规律

——以克拉玛依油田六中区为例

许长福　钱根葆　王延杰　刘红现　著

石油工业出版社

内 容 提 要

本书以现代沉积学与储层地质学为指导,以层次分析和模式拟合为思路,结合克拉玛依油田实际,对砾岩储层构型进行深入解剖,形成一套砾岩储层的构型分析方法;揭示储层构型对剩余油分布的控制作用,总结不同构型单元控制的剩余油分布模式。结合砾岩储层特点,从砾岩油藏渗流机理研究着手,通过室内试验,认识砾岩储层的水驱油机理及变化规律,重点分析影响水驱油效率的主要因素,合理制定砾岩油藏开发调整措施,提高开发效果。

本书适合相关专业研究人员和大专院校师生参考。

图书在版编目(CIP)数据

冲积扇砾岩储层构型与水驱油规律——以克拉玛依油田六中区为例/许长福,钱根葆,王延杰,刘红现著 . —北京:石油工业出版社,2012.5
ISBN 978 - 7 - 5021 - 8850 - 4

Ⅰ. 冲…
Ⅱ. ①许…②钱…③王…④刘…
Ⅲ. ①克拉玛依油田 - 冲积扇 - 砂岩储集层 - 研究
　　②克拉玛依油田 - 水驱油田 - 研究
Ⅳ. P618.130.2

中国版本图书馆 CIP 数据核字(2011)第 254987 号

出版发行:石油工业出版社
　　　　　(北京安定门外安华里 2 区 1 号　100011)
　　　　网　　址:www.petropub.com.cn
　　　　编辑部:(010)64523739　发行部:(010)64523620
经　　销:全国新华书店
印　　刷:北京中石油彩色印刷有限责任公司
2012 年 5 月第 1 版　2012 年 5 月第 1 次印刷
787×1092 毫米　开本:1/16　印张:10.25
字数:245 千字
定价:60.00 元
(如出现印装质量问题,我社发行部负责调换)

前　　言

本书以克拉玛依油田六中区克下组砾岩储层为研究对象,对冲积扇砾岩储层进行了构型分析与水驱油规律研究。

以现代沉积学与储层地质学为指导,对砾岩储层内部构型进行深入解剖,形成一套砾岩储层的构型分析方法。建立冲积扇七级构型模式,研究了砾岩储层内部构型模式。由内而外冲积扇可划分为扇根内带、扇根外带、扇中和扇缘四个相带。扇根内带分布于冲积扇根部,沉积坡度角大,快速堆积,形成砂砾岩泛连通体;片流砂砾体纵横向叠置成泛连通体,侧向上分布有基岩残丘,内部具不稳定夹层。扇根外带沉积,洪水出主槽后,快速堆积,形成泛连通体;片流砂砾体横向叠置成泛连通体,垂向多期片流砂砾体叠置,在局部区域内具层间隔层,砂砾体内部具不稳定夹层。扇中亚相沉积,片流带演变为辫流带,辫流水道发育,其间为漫流细粒沉积,形成多个被泥岩分隔的连通体;辫状水道叠合成宽带状连通体,砂体由宽带状逐渐演变为窄带状,侧向被漫流泥岩分隔,垂向隔层较连续,单一水道间具有不稳定夹层。扇缘亚相沉积,水道窄,与漫流砂体构成窄带状连通体,侧向被漫流泥岩分隔;垂向隔层连续。分析不同构型单元的渗流差异,结果表明:不同岩性物性差异较大,其中含砾粗砂岩物性最好;不同构型单元间物性差异较大,其中辫流水道物性最好。分析储层构型模式和渗流差异对剩余油分布的控制作用,得出了剩余油的分布模式:扇缘砂体呈窄带状分布,井网很难控制,剩余油富集;不同期次单砂体之间存在构型界面,导致注采不对应,构型界面附近剩余油富集;封闭性断层影响注采关系,形成剩余油;层间动用差异形成的剩余油;层内动用差异形成的剩余油。

从砾岩储层特征分析和渗流机理研究着手,通过室内实验研究砾岩储层的水驱油机理及规律,分析影响水驱油效率的因素。砾岩储层水驱油规律:无水采油期短,在中高含水期驱油效率仍可大幅度提高;在不同岩性中含砾粗砂岩驱油效率最高,在不同构型单元中辫流水道驱油效率最高,在不同层位中 S_7^{2-3} 层和 S_7^{3-1} 层采收率最高。砾岩油藏驱油效率主要受储层微观孔隙结构特征、储层宏观非均质性特征、原油黏度和注水方式的影响。剩余油微观分布特征主要受储层孔隙结构控制,目前剩余油主要分布在中小孔隙中。长期水驱导致胶结松散的微小颗粒、泥质等发生移动,使储层孔隙空间增大,有效喉道半径增大,物性变好,储层微观非均质性增强。

该研究成果科学指导了克拉玛依油田六中区克下组砾岩储层后期开发调整措施和开采政策制定,提高了油田的开发效果。

本书从选题、技术思路和关键技术、研究内容等各个方面得到了西南石油大学张烈辉教授的悉心指导,在此谨表示衷心的感谢和深深的敬意。在本书编写期间,王晓光、彭寿昌为本书的研究提供了大量的帮助和支持,中国石油大学(北京)吴胜和教授、中国石油勘探开发研究院廊坊分院渗流所熊伟副所长、西南石油大学唐洪明教授、刘建仪教授给予了重要的指导和协助,在此一并表示深深的谢意!

目　　录

第一章 绪   论

第一节 研究的意义

砾岩储层属冲积—洪积和砾质辫状河流相沉积,具有油砂体分布连续性差,主力油层少,油层渗透率级差大,物性夹层发育且稳定性差,流体性质差异大的特点。由于砾岩储层快速堆积,使油层平面、剖面分布和储层微观孔隙发育具极强的非均质性。储层具有稀网状、非网状甚至渠道状等多种流态,注入水易沿着大孔道突进,也可以沿着较小的孔道突进,微观指进非常明显。砾岩油藏的开发难度极大。

新疆砾岩油藏于 1958 年投入开发。先后投入开发的油田有:克拉玛依油田、百口泉油田、红山嘴油田、车排子油田、小拐油田。截至 2008 年底克拉玛依油田砾岩油藏水驱开发稀油动用地质储量达到 5.02×10^8t,年产油量达到 193.8×10^4t,综合含水 69.8%,是新疆油田主力生产区域之一。多年矿场开发实践表明:砾岩油藏在无水和低含水时期采出程度低,而中高含水阶段采出程度高,在含水达到 70% 后,仍可以采出可采储量的 50%。目前多数的油藏都已进入中高含水期开发阶段,进一步提高这类油藏的开发效果对新疆油田公司的发展有着十分重要的意义。

以现代沉积学与储层地质学为指导,以层次分析和模式拟合为思路,对砾岩储层构型进行深入解剖,形成一套砾岩储层的构型分析方法,揭示储层构型对剩余油分布的控制作用,总结不同构型单元控制的剩余油分布模式,对砾岩油藏开发后期调整具有很大的实际意义。

结合砾岩储层特点,从砾岩油藏渗流机理研究着手,通过室内实验,认识砾岩储层的水驱油机理及变化规律,重点分析影响水驱油效率的主要因素,对合理制定砾岩油藏开发调整措施、提高开发效果,以及科学地管好油田都有着现实的指导意义,水驱油实验方法可以应用到其他类型储层,项目研究成果可以推广到其他砾岩油田,具有广阔的应用前景。

第二节 国内外研究概况

一、储层构型研究概况

1. 构型定义

构型(Architecture)一词用于地质学,源于 Allen(1977)在第一届国际河流沉积学会议(卡尔加里)提出的"Fluvial architecture"的概念,据此描述河流层序中河道和溢岸沉积的几何形态及内部组合[1]。

Miall(1985)在第三届国际河流沉积学大会上第一次完整地提出了河流相的储层构型要素分析法[2],同年 Miall 发表了《构型要素分析——河流相分析的一种新方法》,全面介绍了构型要素、构型界面等概念[3],在国内又被称为储层建筑结构或储层构成[4—8]。

储层构型，是指不同级次储层构成单元的大小、形态、方向及其相互叠置关系。这一概念反映了不同成因、不同级次的储层储集单元与渗流屏障的空间配置及分布的差异性。

储层构型研究从三维的角度解剖储层的空间结构，研究构型要素的类型、分布、组合和接触关系等，研究的尺度更细、更精确，并侧重空间结构及物理属性。储层构型研究与传统的沉积微相研究相比在研究尺度上有所不同。

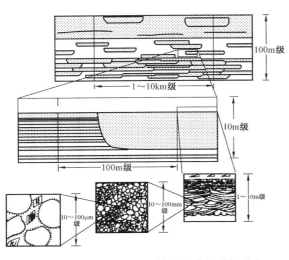

图 1 - 1 Pettijohn(1973)的储层非均质性分类
（以河流沉积储层为例）

储层作为一个复杂系统，具有多层次性。一套储层包含多个层次，不同层次具有各自不同的构成单元，较高一级层次的构成单元包含若干个较低一级层次的构成单元，同一层次的若干构成单元在空间上表现为不均一的变化。如 Pettijohn(1973)[9] 曾将河流沉积储层划分为五个层次（图 1 - 1），即层系规模（100m 级）、砂体规模（10m 级）、层理系规模（1 ~ 10m 级）、纹层规模（10 ~ 100mm 级）、孔隙规模（10 ~ 100μm 级）。从图 1 - 1 可以看出，一个层系包含若干个非均一分布的砂体，一个砂体包含若干个非均一分布的成因单元（河道及溢岸砂），一个成因单元包含若干非均一分布的层理系，一个层理系包含若干非均一分布的纹层，一个纹层包含若干非均一分布的颗粒、孔隙、喉道等。显然，不同层次之间以及同一层次的构成单元之间均表现为非均质性。

2. 构型界面

储层的层次性和结构性可通过构型分级来体现，其级次主要通过构型界面来划分。构型界面是指一套具有等级序列的岩层接触面，据此可将地层划分为具有成因联系的地层块体。

Allen(1983)在河流沉积中第一次明确划分了三级界面，这一界面划分方案被许多地质学家广泛采用。Allen 的一级界面为单个交错层系的界面，二级界面为交错层序组或成因上相关的一套岩石相组合界面，三级界面为一组构型要素或复合体的界面，通常是一个明显的冲刷面。

Miall(1985,1998,1991,1996)[2,10—12] 在 Allen 界面的基础上，通过对河流相储层的深入研究，提出了一个九级界面方案，即零级至八级界面（图 1 - 2，表 1 - 1）。

零级界面：为沉积纹层间的界面。

一级界面：为交错层系的界面。在这一级界面内部没有侵蚀或仅有微弱的侵蚀作用，实际上代表了连续的沉积作用和相应的地形。在岩心中，这些界面有时并不明显，但可根据交错前积层的前缘及切割作用来识别。

二级界面：为简单的层系组边界面。这类界面指示了流向变化和流动条件变化，但没有明显的时间间断，界面上下具有不同的岩石相。在岩心中，可以通过岩石相的变化来区分一级和二级界面。

　　三级界面:为大型地形(如点坝或心滩)内的大规模再作用面或增生面,为一种横切侵蚀面,其倾角较小(小于15°),以低角度切割下伏交错层,通常穿过2~3个交错层系;界面上通常披覆一层薄泥岩或粉砂岩(代表水位下降事件),其上砂岩内可发育泥砾;界面上下的相组合相同或相似。三级界面代表流水水位变化,但并没有特别明显的沉积方式和地形方向的变化,代表大型的侵蚀作用。

　　四级界面:为大型地形的界面,如单一点坝或心滩的顶面,其表面通常是平直或上凸的,下伏的层理面以及一、二、三级界面遭受低角度切割或局部与上部层平行;小型河道(如串沟)的底侵蚀面、决口扇顶面亦为四级界面,而大型的河道底面属于级别较大的界面。四级界面亦为低角度面,界面上亦可披覆一层薄泥岩(或透镜体)以及泥砾,但界面上下的岩相组合有变化,而且界面限定的构成单元较大(三级界面限定的单元面积一般小于0.1km²)。

　　五级界面:为大型沙席边界,诸如宽阔河道及河道充填复合体的边界。通常是平坦到稍具上凹的,但由于侵蚀作用会形成局部的侵蚀—冲填,以切割—充填地形及底部滞留砾石为标志,基本与 Allen(1983)的三级界面相当。

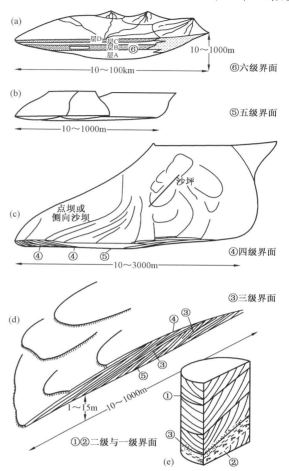

图 1 - 2　河流沉积单元界面等级示意图
(据 Miall,1985,1988,1996)

表 1 -1　三级层序内的构型分级(据 Miall,1996)

构型界面级别	构型单元(以河流—三角洲为例)	时间规模(a)	沉积过程(举例)	瞬时沉积速度(m/ka)
零级	纹层	10^{-6}	脉动水流	
一级	波痕,沙丘内部增生体(微型底形)	$10^{-5} \sim 10^{-4}$	底形迁移	10^{5}
二级	中型底形,如沙丘	$10^{-2} \sim 10^{-1}$	底形迁移	10^{4}
三级	巨型底形内增生体	$10^{0} \sim 10^{1}$	季节事件,十年一遇洪水	$10^{2 \sim 3}$
四级	巨型底形,如点坝、天然堤、决口扇;未成熟古土壤	$10^{2} \sim 10^{3}$	百年一遇洪水,河道及坝迁移	$10^{2 \sim 3}$
五级	河道,三角洲舌体,成熟古土壤	$10^{3} \sim 10^{4}$	河道改道	$10^{0 \sim 1}$
六级	河道带,冲积扇	$10^{4} \sim 10^{5}$	5 级米兰柯维奇旋回	10^{-1}
七级	大型沉积体系,扇域	$10^{5} \sim 10^{6}$	4 级米兰柯维奇旋回	$10^{-1} \sim 10^{-2}$
八级	盆地充填复合体(三级层序)	$10^{6} \sim 10^{7}$	3 级米兰柯维奇旋回	

六级界面:代表限定河道群或古河谷群的界面,相当于段或亚段(可作图的地层单元)。

七级界面:为一种异旋回事件沉积体的界面,相当于体系域的界面,如最大海(湖)泛面,其限定的单元为大型沉积体系。

八级界面:为区域不整合面,相当于三级层系的边界,其限定的单元为盆地充填复合体。

3. 构型要素

构型界面具有层次性,因此由不同级次界面所限定的构型单元亦具有层次性。从构型单元规模看,可将其分为三组:

规模最大的一组为八—六级界面所限定的构型单元,分别对应于3—5级米兰柯维奇旋回,大体相当于三级层序、体系域和准层序(组),实际上为地层意义上的构型单元;其次为三—五级界面所限定的构型单元,为真正意义上的储层构型单元;规模最小的一组为二—零级界面所限定的构型单元,为层理级别的岩石单元。

Miall(1985,1996)将三—五级界面所限定的构型单元定义为构型要素,实为储层意义上的构型单元。他对河流沉积进行了深入的构型分析,将河道及溢岸沉积划分了若干构型要素。五级界面限定的构型要素大体相当于沉积微相组合规模,如曲流河的曲流带(或河道);四级界面限定的构型要素大体相当于单一微相,如单一点坝(或侧向增生巨型底形)、单一决口扇等;三级界面限定的构型要素大体相当于单一微相内部的构成单元,如点坝内部的侧积体(图1-3)。

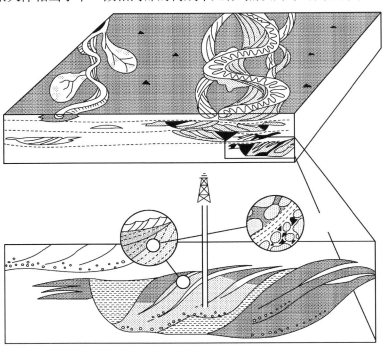

图1-3 曲流河砂体构型要素界面示意图

迄今,大多数储层构型研究主要集中在露头和现代沉积。部分国内学者对地下储层构型研究也进行了尝试[4-6,13-20]。大庆油田针对河流—三角洲[21],双河油田针对扇三角洲厚油层[22]等进行过精细的储层结构研究工作。吴胜和对胜利油区[23]和大港油区[24]河流相储层进行过深入的构型解剖研究,提出了层次约束、模式拟合、多维互动的构型分析思路,针对不同级次的构型单元(复合河道规模、单河道规模、点坝规模、侧积体规模)进行解剖,并提出了相应的构型分析方法。

二、水驱油研究概况

1. 露头注水试验

从克拉玛依砾岩油田注水过程中部分地区出现的水淹、水窜、注水不见效和含水率上升快等问题出发,利用油田边缘油层裸露地表的有利条件,开展了野外露头注水试验[25,26]。露头注水试验揭示了出水类型和特点。

由露头注水试验观察到以下多种出水类型(图 1-4,表 1-2)。

表 1-2 不同孔隙群渗流特征(露头模型注水试验)

孔隙类型	出水点数量(%)	出水方式	相对水推速度	相对示踪剂产出率	出水量(L/h)		
					常速注水	高速注水	增长倍数
粒间孔隙	26.2	小量滴水或渗水	1	1	11.7	13.8	0.18
岩性界面	50.8	中量滴水或流水	1.08~1.69	1.26~2.55	7.1	22.6	2.18
裂缝	9.9	大量流水	3.54	3.53	8.7	27.4	2.15
不整合面	13.1	大量流水或渗水	1.85	1.94	5.5	9.5	0.73

(1)孔隙出水。

主要分布在细小砾岩和粗砂岩中,水从岩石粒间孔隙呈一般孔隙介质渗流性质,水推进速度较慢,流量较小,示踪剂吸附严重而产出率低,这表明孔隙渗流通道细微弯曲,四通八达,流动均匀,波及程度高。

从剖面对比来看,可以分出相对快速渗流和缓慢渗流两个层段和区域。其中高渗部分是较小的,分布复杂,剖面上呈多段分布、厚度小且连续性较差,延伸宽度几米至几十米。扇顶亚相沉积物中"支撑砾岩"就是其突出代表。

(2)岩性界面出水。

包括局部岩性变化面、层理性界面和层界面等。露头观察此种出水类型大量分析,水从各种界面呈渗水状和流水状流出,可以波及周围部分孔隙,流量中等,水推速度中等,示踪剂吸附量中等,其波及状况已较差。

(3)裂缝出水。

它的数量较少,其流量大,水推速度快,不可忽视。产状已似流水,对注水状况反映极强,示踪剂吸附量少,表明通道水淹的严重性。

(4)不整合面出水。

它的数量也有限,但容易形成水窜而不可轻视。其出水状况与古风化壳性质密切相关。一般流量、水推进速度较大,示踪剂吸附量较少,渗水至流水状。当风化壳裂缝严重发育时,其情况就与裂缝出水相同。

2. 光刻显微孔隙模型水驱油

R. A. Dawe、M. Mekallar 和 N. C. Wardlaw 于 20 世纪 40 年代先后研制了微观孔隙模型。微观仿真模型是一种透明的二维模型,它采用光化学刻蚀工艺,按照天然岩心铸体薄片的真实孔隙系统精密地光刻到平面玻璃上制成的微模型的流动网络,在结构上具有储层岩石孔隙系统的真实标配,相似的几何形状和形态分布。

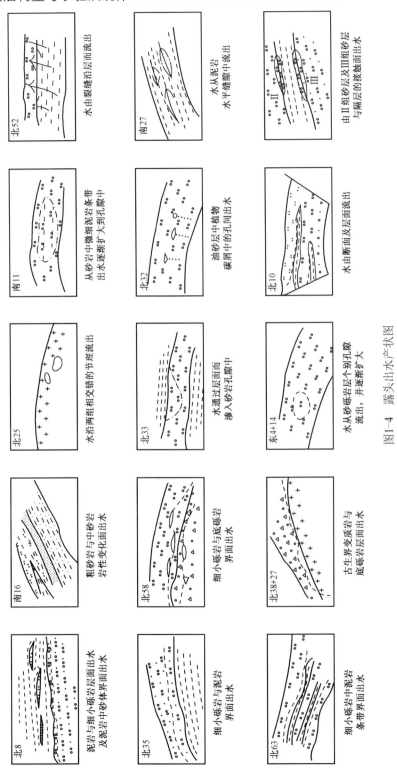

图1-4 露头出水产状图

在国内,郭尚平、黄延章等[27]利用光刻仿真孔隙模型解释了不同驱替剂下剩余油的形成机理及指进发育的孔隙级机制。陈亮、彭仕宓等[28]利用微观仿真模型研究了微观孔隙结构、注水速度、注水方式对剩余油分布影响。曲志浩、孙卫等[29]应用光刻显微孔隙模型研究长庆油田延安组油层水驱油过程中残余水和残余油类型及形成机理。

该模型具有以下优点:(1)可以直观观察束缚水、残余油的分布状态;(2)可以直观观察驱替过程中油、水运动规律;(3)能研究多孔介质中流体动态微观机理,能在孔隙水平上相当清晰、真实地考察各种驱油现象。

3. 真实岩心模型水驱油

真实岩心模型直接用岩心制作,其真实性比光刻模型大大提高,基本可以反映岩石的真实孔隙结构。真实岩心模型是用实际岩心经洗油、切片磨平后,粘夹在优质玻璃板之间,将周围封好并粘上医用针头即成模型,其研究结果较仿真模型更可信,并且通过显微镜和图像采集系统可实现流体在孔隙中渗流动态的可视化,因而应用比较广泛。真实岩心模型可以保留住大部分胶结物,而光刻显微孔隙模型无法做到,胶结物的存在对驱替实验结果影响很大,油(气)驱水时,常因此而形成较多的残余水。

孔令荣、曲志浩等[30]利用真实岩心微观模型进行两相驱替实验,讨论了排驱和吸入过程的驱替方式、自吸现象及残余油、束缚水的形成机制。孟江[31]研制了能够在微观物理模拟时替代真实油水的流体,以此为基础利用真实岩心为模型,进行水驱油试验,模拟油和模拟水会在某一温度下在岩心中同时固结,通过岩心切片,观察水驱后剩余油微观的分布特征。

4. CT扫描成像水驱油

CT技术在20世纪80年代就被应用于油气藏研究,并发展成为研究储层多孔介质特性的重要工具[32,33]。

常规岩心模型的水驱油实验只能得到流体通过岩心前后端的参数指标,而对流体在模型中的运动过程无法直观的显现,应用CT扫描成像技术,通过对干岩心、饱和地层水岩心和水驱油不同状态岩心扫描,得到岩心不同扫描断面、沿某正交切面、三维含油饱和度分布,实现岩心水驱油过程中含油饱和度分布可视化和定量表征,进而为研究油水在地层内的各种分布及运动特征提供了有效的可视化手段[34—36]。

5. 核磁共振水驱油

通常采用室内岩心分析来获得水驱油采收率及剩余油饱和度等参数,但是常规方法需要手工计量体积,存在人为的误差,当流体量较少时误差将会很大,而且常规方法无法提供水驱油过程中不同大小孔隙动用程度和剩余油在岩石孔隙内的分布状态等信息[37]。核磁共振成像是近年来开始应用到石油勘探与开发中的高新技术,它可以检测储集层岩心的油层物理参数,具有快速、无损、非侵入、多参量、多维测量等显著特点。在探测岩心内孔隙度、流体饱和度分布、流体空间分布及采收率方面,核磁共振成像比 X – CT 有明显的优越性[38]。核磁共振技术作为一种新兴的岩心分析技术在石油勘探开发中的应用发展很快,它可以对岩石孔隙中流体所含的氢核^{1}H进行探测。核磁共振 T_2 弛豫时间谱反映的是含油(或水)孔隙大小分布以及不同大小孔隙中的流体量。借助于核磁共振 T_2 弛豫谱,可以对不同孔径孔隙内的水驱油采出程度进行定量计算和分析,这是目前所有其它常规实验方法无法做到的[37]。

6. 基于孔隙网络模型微观水驱油

孔隙网络模型是在微观水平上研究多孔介质渗流规律的一种重要手段。网络模型由孔隙体和喉道组成,孔隙体代表多孔介质中比较大的孔隙空间,喉道代表多孔介质中相对狭长的孔隙空间[39]。

逾渗网络模型是运用模型化的网络来替代孔隙介质内复杂的孔隙空间,基于统计物理中逾渗理论的基本思想以及孔隙介质中的微观渗流物理机制,在微观水平进行随机模拟来研究孔隙介质中的渗流规律。已知多孔介质孔隙结构参数,如孔喉直径大小分布、孔喉比及孔喉连通配位数等,结合逾渗理论描述流体驱替准则,通过网络模型模拟多孔介质中的油、水渗流特征,可预测水驱油驱替特征的变化[40]。

网络模型是在微观水平进行随机模拟来研究孔隙介质中的渗流规律。与微观室内实验相比,微观模拟具有可重复性、可控制性的特点,适合于开展对特定问题的研究[41]。

第三节　研究目标、主要研究内容和技术路线

一、研究目标

(1)形成砾岩储层的构型分析方法。
(2)总结出不同构型单元控制的剩余油分布模式。
(3)认识砾岩储层的水驱油机理及规律,分析出影响水驱油效率的主要因素。

二、主要研究内容

本书主要针对克拉玛依油田六中区克下组砾岩油藏开展了砾岩储层构型特征和水驱油规律两方面的研究。

以现代沉积学与储层地质学为指导,以层次分析和模式拟合为思路,对砾岩储层构型进行深入研究。主要研究内容如下:
(1)砾岩储层沉积模式研究;
(2)冲积扇构型要素分析;
(3)冲积扇内部构型模式研究;
(4)储层渗流差异分析;
(5)剩余油宏观分布研究。

从砾岩储层特点出发,砾岩油藏渗流机理研究着手,通过室内实验,对砾岩储层的水驱油机理及规律进行深入研究。主要研究内容如下:
(1)砾岩油藏水驱油特征研究;
(2)影响驱油效率的因素分析:孔隙结构影响、储层润湿性影响、储层非均质性、流体性质影响、驱替速度影响、驱替压力影响和周期注水效果分析;
(3)微观剩余油分布;
(4)长期水驱对储层的影响。

三、技术路线

技术路线见图1-5。

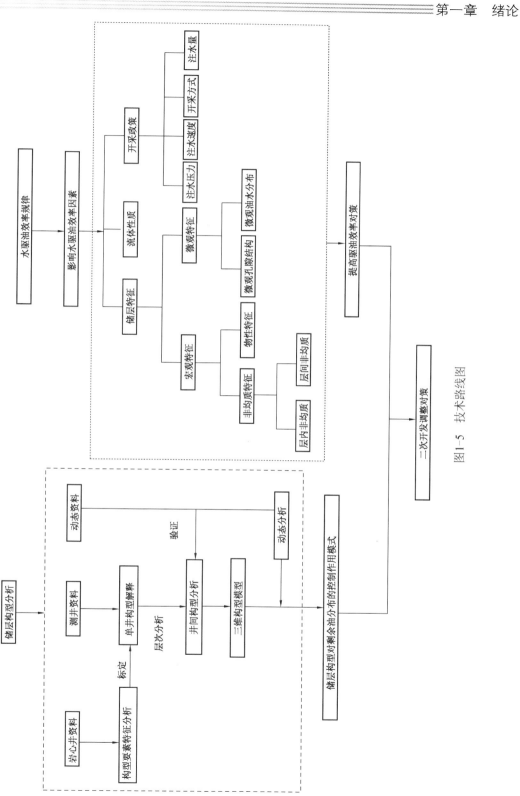

图 1-5 技术路线图

第四节　取得的主要认识

本书通过对克拉玛依六中区砾岩储层构型特征与水驱油规律研究取得以下认识：

（1）冲积扇构型模式。

按构型要素的定义和构型分析的原理，对冲积扇构型进行分级：七级构型为冲积扇复合体，六级构型为单一冲积扇体。按照分相带构型研究的思路，划分单一冲积扇体内部构型要素（五级—三级）的分级系统，明确了二级——一级构型单元。

扇根内带亚相仅发育于 S_7^4 北西部位。扇根内带亚相分布于冲积扇根部，沉积坡度角大，快速堆积，形成砂砾岩泛连通体。片流砂砾体纵横向叠置成泛连通体，侧向上分布有基岩残丘，内部具不稳定夹层（漫流细粒沉积与钙质胶结）。

S_7^4—S_7^{3-2} 主要为扇根外带沉积，洪水出主槽后，快速堆积（片流砂砾坝），形成泛连通体。片流砂砾体横向叠置成泛连通体，垂向多期片流砂砾体叠置，在局域内具层间隔层（漫流细粒沉积），砂砾体内部具不稳定夹层（漫流细粒沉积与钙质胶结）。

S_7^1—S_7^{3-1} 主要为扇中亚相沉积，片流带演变为辫流带，辫流水道发育，其间为漫流细粒沉积，形成多个被泥岩分隔的连通体。辫状水道叠合成宽带状连通体，S_7^{3-1} 至 S_7^1 主体为辫流水道沉积，砂体由宽带状逐渐演变为窄带状。侧向被漫流泥岩分隔，垂向隔层较连续，单一水道间具有不稳定夹层。

S_6 主要为扇缘亚相沉积，水道窄，与漫流砂体构成窄带状连通体，侧向被漫流泥岩分隔，垂向隔层连续。

（2）储层渗流差异特征。

不同岩性物性差异较大，其中含砾粗砂岩物性最好；不同构型单元间物性差异较大，其中辫流水道物性最好，砂砾坝顶部物性次之。

储层平面非均质性主要受控于沉积相，从 S_7^4—S_7^1 平面非均质性增强；剖面上 S_7^{2-3} 储层物性最好，向上、向下物性均变差。

底部（S_7^{3-3} 与 S_7^4、S_7^{3-2}—S_7^{3-3}）隔层厚度薄，稳定程度低，中上部隔层厚度较大，稳定程度高。

储层层内非均质性均很强，其中 S_6 砂组以及 S_7^4 小层层内非均质性较强，中部相对较弱。

S_7^2、S_7^1 砂砾岩体之间夹层数少而薄，夹层平面延伸距离一般小于 125m；S_7^4、S_7^3 砂砾岩体之间夹层比较发育，夹层平面延伸距离一般在 125~250m；由下向上钙质夹层减少，泥质夹层增加。

（3）砾岩油藏水驱油规律。

无水采油期短，在中高含水期采收率仍可大幅度提高；在不同岩性中含砾粗砂岩采收率最高，在不同构型单元中辫流水道沉积采收率最高，在不同层位中 S_7^{2-3} 层和 S_7^{3-1} 层采收率最高。

（4）影响驱油效率的主要因素。

① 孔隙结构是影响驱油效率的关键因素。② 润湿性影响束缚水和残余油的分布，并影响水驱过程中油水运动状态和驱油效率。③ 驱替速度越高，无水采收率越低，在相同 PV 下，采出程度越低。④ 高渗透率岩心在高驱替压力下更容易形成水窜，降低采收率；低渗储层，增

加水驱压力,能够提高微观驱油效率。⑤ 宏观水驱采收率受渗透率级差与平均渗透率双重影响;渗透率级差越小最终采出程度越高;平均渗透率越大,最终采出程度越大。⑥ 原油性质对水驱开发效果影响较大,原油黏度越高,水驱开发效果越差。⑦ 周期注水利用油层弹性力和毛细管力作用,可以达到稳油控水的目的。

(5)剩余油分布特征。

剩余油微观分布特征:① Ⅰ类高孔、高渗储层中剩余油以油斑、油珠附着于孔隙壁面。② Ⅱ类中孔、高渗储层中剩余油富集于小孔道及盲孔,孔喉交汇处。③ 中孔、中渗储层中剩余油富集于小孔道及盲孔。④ 低孔、低渗储层中剩余油以段塞形式存于孔隙中。⑤ 目前剩余油主要分布在中小孔隙中。

剩余油宏观分布类型:① 扇缘砂体呈窄带状分布,井网很难控制,剩余油富集。② 不同期单砂体之间存在构型界面,导致注采不对应,构型界面附近剩余油富集。③ 封闭性断层影响注采关系,形成剩余油。④ 层间动用差异形成的剩余油。⑤ 层内动用差异形成的剩余油。

(6)长期水驱对储层影响分析。

长期水驱导致胶结松散的微小颗粒、泥质等发生移动,使储层孔隙空间增大,有效喉道半径增大,物性变好,储层微观非均质性增强。

第二章　研究区概况

第一节　地理与构造位置

克拉玛依油田六中区克下组位于克拉玛依市以东约25km,在准噶尔盆地西北缘克拉玛依逆掩断裂带上(图2-1)。六中区克下组油藏位于克—乌断裂带上盘,西北部以白碱滩北断裂为界,东南部以克—乌断裂为界,是一个断块—背斜油藏。该油藏东浅西深,北浅南深。

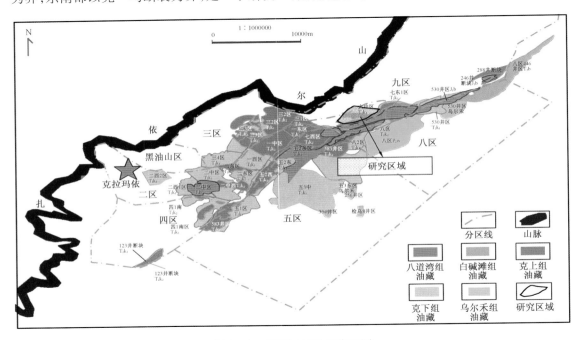

图2-1　研究区域地理位置图

第二节　地　层　概　况

六中区克下组不整合沉积在石炭系(C)之上,上部依次沉积的有三叠系克上组(T_2k_2)、白碱滩组(T_3b)、侏罗系的八道湾组(J_1b)、齐古组(J_3q)、白垩系的吐谷鲁群(K_1t)。克下组划分为S_6和S_7两个砂层组,并可细分为S_6^1、S_6^2、S_6^3、S_7^1、S_7^{2-1}、S_7^{2-2}、S_7^{2-3}、S_7^{3-1}、S_7^{3-2}、S_7^{3-3}、$S_7^4$11个单层,主力油层为S_7^2、S_7^3、S_7^4。六中区克下组油藏平均埋深480m。

第三节　构　造　特　征

区块内克—乌断裂、白碱滩北断裂及南白碱滩断裂为三条主断裂(图2-2)。克—乌断裂贯穿全区;白碱滩北断裂为弧形逆断层,东段呈东西向,西段近南北向;南白碱滩断裂为北东向逆断层。油藏内部还发育 5 条断距为 15～80m 的小断裂。克—乌断裂六中区克下组底部构造形态为鼻状背斜构造;地层倾角 2°～30°之间,向下倾方向逐渐变陡。

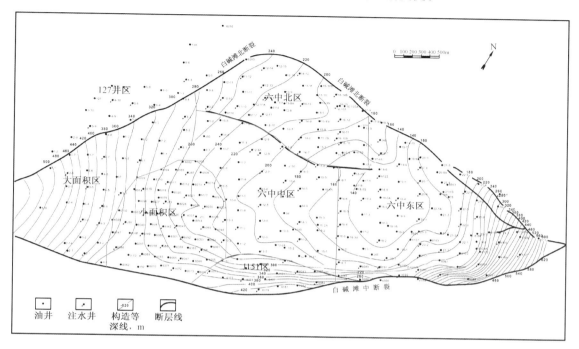

图 2－2　六中区克下组底部构造图

第四节　岩 性 特 征

根据砾岩的定义和分类,将砾石含量在 5%～25% 之间的岩石称为含砾砂岩,砾石含量在 25%～50% 之间的岩石称为砂砾岩,砾石含量大于 50% 的岩石称为砾岩。

六中区克下组储层岩石类型主要为含砾粗砂岩、砂砾岩、砂质砾岩、泥质砂岩。砾石成分以花岗岩、凝灰岩为主,砂岩颗粒主要为岩屑、石英和长石。砾石成分复杂,岩石碎屑为颗粒支撑,呈线接触、点—线接触。颗粒分选中等—差,以棱角状—次棱角状为主。砾岩中砾石平均含量 74.0%,砂岩颗粒平均含量 18.1%,其中岩屑 9.5%,石英 5.4%,长石 3.2%;砂砾岩中砾石平均含量 39.0%,砂岩颗粒平均含量 35.0%,其中岩屑 28.0%,石英 5.0%,长石 2.0%;含砾粗砂岩中砾石平均含量 6.5%,砂岩颗粒平均含量 88.5%,其中岩屑 43.4%,石英 23.0%,长石 22.2%。

由 X 衍射全岩分析结果(表 2－1)可知,储层矿物以石英、钾长石为主,斜长石次之,部分发育碳酸盐矿物及少量硬石膏。矿物成分在不同类型的岩石中差异较大,其中石英含量 18.19%～63.46%,平均 37.21%,石英裂纹发育,可见石英次生加大,个别石英具波状消光现象;长石溶蚀现象常见,钾长石含量 18.01%～51.93%,平均 33.06%;斜长石含量 0～37.76%,平均 24.85%;方解石含量 0～16.02%,平均 2.24%;铁白云石含量 0.62%～7.95%,平均 1.88%;硬石膏含量 0～3.35%,平均 0.77%。储层成分成熟度和结构成熟度均较低,岩屑含量高,占铸体薄片 26% ~73% ,最大粒径 23mm。对于砾岩、砂砾岩而言,岩屑以花岗岩、火山喷出岩、火山碎屑岩为主,含少量燧石及偶见粉砂岩岩屑;对于砂岩而言,岩屑以火山碎屑岩、火山喷出岩、燧石为主,花岗岩少见。

表 2 - 1 六中区克下组储层 X 衍射全岩分析结果统计表

样号	井号	深度 (m)	非黏土矿物相对含量(%)					
			硬石膏	石英	钾长石	斜长石	方解石	铁白云石
1	J557	405.9	1.65	59.48	25.05	12.11	0.00	1.70
2	J557	407.2	3.35	63.46	31.05	0.00	0.00	2.15
3	J557	409.6	0.00	54.72	38.16	6.10	0.20	0.82
4	J557	410.2	0.00	30.76	51.93	15.30	0.00	2.01
5	J557	414.9	1.53	28.59	47.08	20.68	0.00	2.12
6	J557	421.5	0.00	27.56	30.97	35.15	3.77	2.56
7	J557	422.5	0.00	24.88	21.83	34.44	16.02	2.82
8	J557	422.7	0.00	42.31	21.25	35.83	0.00	0.62
9	J557	423.5	0.51	44.64	24.85	23.51	2.95	3.53
10	J568	482.6	0.84	27.70	48.09	20.89	0.00	2.48
11	J568	503.87	0.00	40.32	18.01	33.29	7.76	0.62
12	J568	508.83	1.92	36.05	31.06	30.19	0.00	0.78
13	J568	516.75	0.36	30.08	30.66	34.72	3.30	0.88
14	J568	520.3	0.72	48.79	18.98	29.41	1.31	0.79
15	J569	548.06	0.00	18.19	44.19	18.02	11.65	7.95
16	J569	555.42	0.00	42.31	33.71	22.30	0.00	1.68
17	J569	556.13	0.00	31.08	46.52	20.37	0.00	2.03
18	J569	559.65	1.18	34.49	33.68	29.55	0.00	1.11
19	J569	562.93	1.45	29.23	36.73	31.39	0.00	1.21
20	J569	563.13	1.06	43.28	24.14	30.79	0.00	0.72
21	J569	564.43	1.62	23.44	36.34	37.76	0.00	0.84
	平均值		0.77	37.21	33.06	24.85	2.24	1.88

填隙物包括杂基和胶结物,杂基是碎屑岩中与粗碎屑一起沉积下来的细粒填隙组分,主要成分是细砂级、粉砂级碎屑颗粒、水云母和泥质(图 2 - 3)。胶结物为成岩作用期间由于孔隙水的物理化学条件变化而沉淀于颗粒之间的自生矿物,主要成分有自生黏土矿物、碳酸盐矿物和黄铁矿等,其中自生黏土矿物含量较高。胶结类型以孔隙式胶结为主,胶结疏松。自生黏土矿物以高岭石为主;碳酸盐胶结物含量较少,主要为方解石、白云石,其产状为结核状、连晶状及规则菱面体。结核状碳酸盐胶结物部分发育粒内溶孔,正交偏光下呈波状消光(图 2 - 4);连晶状碳酸盐胶结物多使岩石致密化,并交代填隙物和碎屑颗粒;规则菱面体碳酸盐胶结物内部多发育粒内溶孔。

图2-3　泥质胶结(J569井,562.93m)D=5.5mm　　图2-4　钙质胶结(J569井,562.93m)D=5.5mm

表2-2为黏土矿物分析结果,黏土矿物绝对含量为3.7%~23.2%,平均为10.2%;相对含量中,高岭石占绝对优势,平均为68.4%,其次为绿泥石平均含量为21.1%,伊利石平均含量为3.1%,伊/蒙间层含量为7.3%,间层比为5%~10%。高岭石普遍呈蠕虫状和书页状产出,集合状产出,较其它产状相比,难以运移(图2-5和图2-6)。

表2-2　六中区克下组黏土矿物含量统计表

序号	井号	深度(m)	绝对含量(%)	相对含量(%)				
				高岭石	绿泥石	伊利石	伊/蒙间层	间层比
1	J555	415.20	11.9	63.3	21.1	10.3	5.3	10
2	J557	405.90	13.9	68.2	17.9	13.6	0.3	5
3	J557	407.20	12.3	72.7	23.1	0.0	4.2	5
4	J557	409.60	22.9	61.9	23.3	14.3	0.5	5
5	J557	410.20	19.5	80.5	8.0	1.7	9.7	5
6	J557	414.90	15.3	57.9	26.3	13.2	2.6	5
7	J557	421.50	23.2	81.7	17.5	0.6	0.2	5
8	J557	422.50	3.9	80.6	17.1	1.2	1.1	5
9	J557	422.70	9.4	67.5	10.3	4.2	18.0	10
10	J557	423.50	7.1	76.9	20.5	1.8	0.8	5
11	J568	482.60	9.8	69.1	29.4	0.0	1.5	5
12	J568	503.87	3.7	67.7	24.1	1.8	6.4	5
13	J568	508.83	7.3	68.8	27.5	0.0	3.7	5
14	J568	516.75	4.3	57.6	20.0	0.0	22.4	5
15	J569	548.06	7.5	65.8	27.1	5.7	1.4	10
16	J569	555.42	12.4	57.6	22.0	1.5	18.9	10
17	J569	556.13	4.9	69.0	28.8	0.0	2.1	10
18	J569	559.65	9.4	69.8	27.9	0.0	2.3	5
19	J569	560.83	7.0	73.8	24.6	0.0	1.5	5

序号	井号	深度（m）	绝对含量（%）	相对含量(%)				
				高岭石	绿泥石	伊利石	伊/蒙间层	间层比
20	J569	561.73	6.2	80.8	11.4	0.8	7.0	10
21	J569	562.93	5.3	58.8	21.6	0.0	19.7	10
22	J569	563.13	6.7	69.7	15.2	0.0	15.1	10
23	J569	564.43	9.9	54.2	21.3	1.6	22.9	10
	平均值		10.2%	68.4%	21.1%	3.1%	7.3%	7

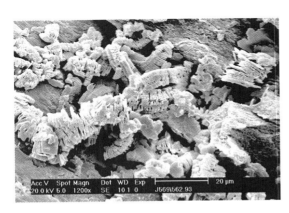
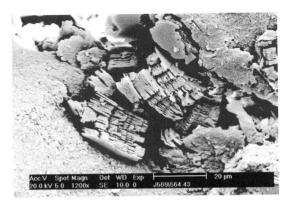

图 2-5 粒间充填的蠕虫状、书页状高岭石
（J569 井，562.93m）

图 2-6 呈书页状分布于喉道处的高岭石
（J569 井，564.43m）

第五节 物 性 特 征

根据油藏取心井储层物性数据统计，六中区克下组储层孔隙度平均为 20.5%，渗透率平均为 $446 \times 10^{-3} \mu m^2$，属中孔、中高渗储层（图 2-7 和图 2-8）。

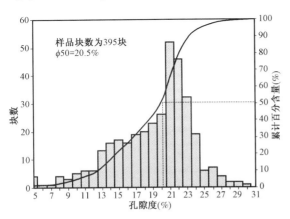
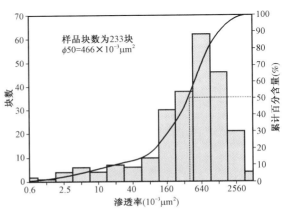

图 2-7 六中区克下组孔隙度直方图

图 2-8 六中区克下组渗透率直方图

第六节 油藏特征

一、油藏压力、温度系统

油藏属于高饱和无边底水油藏。六中区克下组原始地层压力 7.2MPa,压力系数 1.50,饱和压力 7.2MPa,油藏温度 24.9℃(表 2-3)。

表 2-3 油藏温度、压力系统

井区	中部海拔(m)	油层中部深度(m)	原始地层压力(MPa)	油藏高度(m)	压力系数	饱和压力(MPa)	地饱压差(MPa)	饱和程度(%)	地层温度(℃)
六中区	-210.0	485.0	7.2	54	1.50	7.2	0	100	24.9

二、流体性质

六中区克下组原始地层原油黏度 80.0mPa·s,地面原油黏度为 360.0mPa·s,地面原油密度 0.897g/cm³,原始气油比 34.4m³/t,体积系数 1.075。地层水水型为 $NaHCO_3$ 型,六中区地层水矿化度 4212mg/L。

注水开发后,原油密度和黏度逐渐增大(表 2-4)。2010 年六中区地面原油密度为 0.906g/cm³,原油黏度为 2562.0mPa·s。从目前单井的地面原油黏度分布来看,油藏西部原油黏度较高。

表 2-4 油藏流体性质

区域		地面原油黏度(mPa·s)	地面原油密度(g/cm³)	原始气油比(m³/t)	地层水型	地层水矿化度(mg/L)
六中区	原始	360.0	0.897	34.4	$NaHCO_3$	4212
	2010 年	2562.0	0.906	—	—	—

三、储层敏感性

六中区克下组储层具中强水敏感性,水敏指数 0.60~0.73;储层临界盐度在 2245mg/L,低于此临界盐度,渗透率将不同程度下降;储层具有中弱速度敏感性,临界速度为 46.93m/d,高于此临界速度,渗透率损失率为 23%~48%;储层存在体积流量敏感性,随注入孔隙体积倍数的增加,渗透率有下降的趋势,损失率为 30%~50%。

第七节 油藏开采特征

一、开发历程

六中区克下组油藏于 1957 年发现,1967 年在西部开辟了小面积注水开发试验区,1973—1974 年投入全面开发,至今已注水开发 35 年以上,经历了试采试注、高产稳产、递减、分层系加密调整四个阶段。

（1）试采试注阶段（1967—1973年）。

六中区克下组油藏1957年发现后,陆续有7口井进行了试油,1967年在油藏西部开辟了小面积注水开发试验区,采用100~150m井距四点法井网开发,共有油井64口,水井8口,平均单井日产油5.2t,日注水20~40m³,注采比0.5~1.0,阶段含水上升率13.2%,年均采油速度0.18%,阶段末采出程度1.6%。

（2）高产稳产阶段（1974—1978年）。

1974年9月采用200~250m井距全面投入开发,同年12月全面注水,采油井数由64口增加到246口,注水井由8口增加到75口。初期采取两排注水井夹三排油井的行列注水方式,当中间井排油井停喷时,在其中增加注水井点,从而形成行列加点状的注采井网;根据小层多、渗透率级差大的特点,在S_7^{2-3}、S_7^{3-1}层之间实施一级二层分注,油井见效后,放大生产压差由0.8MPa至1.3MPa,从而实现了初期的高速开发,年均采油速度2.01%,年均产油41.95×10⁴t,压力保持程度85%,阶段含水上升率5.53%,阶段末采出程度11.7%。

（3）递减阶段（1979—2005年）。

① 多级分注,调整井网,间歇注水阶段（1979—1986年）。

由于油藏平、剖面非均质性严重,使得注入水沿网络状高渗层窜进,主流线油井含水上升快与非主流线油井压力降低的情况并存。为此1979年全区进行综合性调整,注水井由一级二层分注改二级三层分注,配注中实行控制高渗层加强中低渗层注水及上、中、下三层轮注的注水原则,1979—1982年全区保持了较高的采油速度（1.5%）,含水上升率由7.1%下降到3.8%,地层压力由5.58MPa上升到6.52MPa,年油量综合递减由20%下降至3%,取得了明显的效果。

② 水井调剖,更新调整,综合治理阶段（1987—1993年）。

针对分注在隔层差的情况下已基本无效,常规压裂、挤液、堵水措施效果差的状况,1987年以六中北区为主,连续四年开展以注水井调剖、油井对应综合措施为中心的综合治理工作,油藏综合含水下降4.1%,在此基础上,1991年将综合治理扩大至全区,实施了以更新调整、完善井网为主的连续三年治理,修复停注井恢复注水,对井况好的井进行调剖堵水,同时油井转抽,调参放大生产压差以提高小层动用。因地形地物影响,1992—1993年的调整方案未能实施完毕,设计新井47口,实际实施24口（油井22口,水井2口）,进行了局部调整,新井初期平均日产液11.8t,日产油4.6t,通过治理,油藏连续三年绝对产油量递增,年均产油11.1×10⁴t,综合含水稳定在80%左右,开采形势出现了好转。

③ 井况恶化,注采失控,优化注水阶段（1994—2005年）。

1994年后,油藏各种矛盾暴露出来,井况恶化,注采关系难以调控,因井况影响增产措施难以实施,主要工作为优化注水,油藏处于低速开采阶段。年产油量由1994年的11.32×10⁴t下降到2005年的5.03×10⁴t,采油速度为0.24%,油藏处于低速开采阶段。

截至2005年底,六中区克下组共有油水井总数143口,其中油井100口,注水井43口,区块日产液756t,日产油134t,采油速度0.24%,综合含水84.4%,日注水平1326m³,累积产油570.1×10⁴t,采出程度27.4%。

其中六中东区井点损失最严重,井网不完善,共有停产井65口,现有正常生产井26口,其中油井19口,水井7口,日产液100.5t,日产油43.4t,综合含水72.6%,累积产油135×10⁴t,

采出程度 18.5%。

(4)分层系加密调整阶段(2006年5月—2011年)。

2006年开始开展了分层系加密调整,采用125m注采井距反五点面积注采井网,共实施调整井402口,其中油井273口(水平井37口),注水井129口。截止2011年11月,六中区克下组采油井总数358口,平均单井日产油2.4t,采油速度0.56%,目前综合含水74%,累积产油646.59×10⁴t,采出程度31.02%;注水井总数183口,开井135口,日注水平2171m³,日注采比1.19,累积注水3145×10⁴m³,累积注采比1.26,目前地层压力5.7MPa,压力保持程度79%。

二、开发现状

二次开发试验区加密调整方案于2006年实施至今,实施跟踪分析表明区块开发效果得到了较大的改善,主要开发指标好于方案设计值(表2-5),具体表现在以下几个方面:

表2-5 调整前后开发效果对比

指 标	调整前	调整后	方案设计
直井产油(t/d)	1.9	2.4	2.8
采油速度(%)	0.2	0.67	0.92
地层压力(MPa)	4.7	5.7	>5.5
注采比	1.5	1.19	1
含水率(%)	82.8	74	83.7
水驱储量控制程度(%)	36	84	—

(1)调整后井距缩小,对砂体和储量的控制程度明显提高。

六中区克下组油藏加密调整后油水井数由195口增加到541口,完善了注采井网,注采井距由300~350m减小到125~140m,调整后水驱储量控制程度达到84%,比调整前提高了48%。

(2)分层系调整油藏动用程度明显提高。

调整前六中区克下组油藏出液厚度动用程度为61%,吸水厚度动用52.3%;调整后出液厚度动用程度提高到83%,吸水厚度动用提高到65%,动用程度明显提高。

(3)注采能力增加,采油、采液速度大幅提高,开发效果明显得到改善。

六中区克下组油藏通过合理配注及转轴等措施,单井产油量初期为3.0t/d,目前稳定在2.4t/d,比调整前的1.9t/d有较大提高,目前还未出现递减趋势,含水稳定。采油速度由调整前的0.20%增加到0.67%,生产形势较好。

(4)地层压力逐步恢复。

六中区克下组油藏完善注采井网后,地层压力稳步上升,由2005年调整前4.7MPa上升到2011年底的5.7MPa,压力保持程度79%。

第三章 储层构型研究

第一节 冲积扇相研究概况

山区水流流出山口,地形坡度急剧变缓,水流向四方散开,流速骤减,碎屑物质大量沉积,形成锥状或扇状堆积体,称为洪积锥或洪积扇。它具有山区河流冲积成因的特点,故又称为冲积扇。

一、冲积扇类型及特征

冲积扇的形成和发展受自然地理、气候条件和地壳升降运动等因素的制约。造山作用越强、地形高差越大、气候越干旱,冲积扇就越发育。国内外众多学者对现代及古代冲积扇的沉积特征及影响因素进行了研究。Galloway(1983)[42]根据气候条件不同,将冲积扇划分为湿润型和干旱型两种类型(图3-1)。比较典型的干旱型冲积扇有死谷中的戈拉克谢普冲积扇(图3-2)和死谷中的特罗尔海姆扇(图3-3)[43],比较典型的湿润型冲积扇有得克萨斯洲范霍恩砂岩湿地扇(图3-4)[44]和印度柯西河冲积扇(图3-5)[45]。

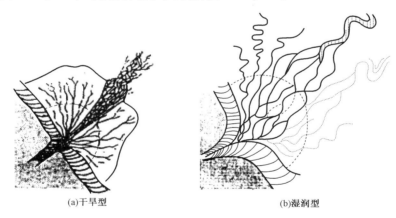

(a)干旱型   (b)湿润型

图3-1 干旱型和湿润型冲积扇平面分布特征(据 Galloway,1983)

赵澄林、朱筱敏两位学者通过对前人研究的总结,对两种类型的冲积扇特征进行了对比(表3-1)。

Stanistreet 和 McCarthy(1993)[46]根据沉积作用过程提出了冲积扇三元分类,以碎屑流沉积为主的冲积扇,以辫状河道沉积为主的冲积扇和以曲流河道沉积为主的冲积扇。第一种冲积扇主要形成于构造运动强烈、地形坡度大、气候干旱的地区;第二种冲积扇主要形成于构造运动较强烈、地形坡度较大、气候半干旱或半湿润的地区;第三种冲积扇主要形成于构造运动较弱、地形坡度小,气候湿润,雨量充沛,河流中常年有水的地区。通过对比不同类型现代冲积扇和古代冲积扇的实例,发现不同类型冲积扇的规模具有较大差异。碎屑流沉积为主的冲积扇规模最小,以曲流河道沉积为主的冲积扇规模最大,以辫状河道沉积为主的冲积扇规模介于二者之间。

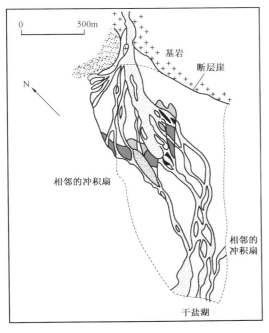

图 3 - 2 死谷中的戈拉克谢普冲积扇
（据 Hooke，1967）

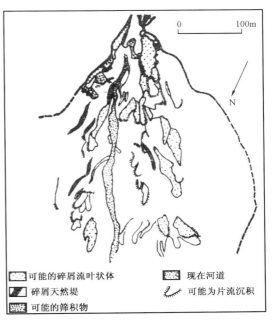

图 3 - 3 死谷特罗尔海姆扇的上部
（据 Hooke，1967）

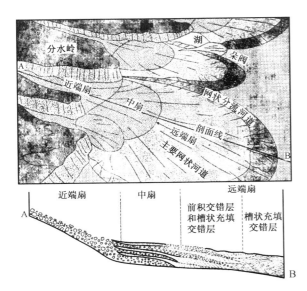

图 3 - 4 得克萨斯洲范霍恩砂岩湿地扇沉积
（据 McGowen 和 Groat，1971）

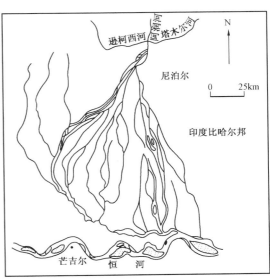

图 3 - 5 喜马拉雅山南坡柯西河冲积扇
（据 Gole 和 Chitale，1966）

表3-1　干旱型与湿润型冲积扇特征对比

类　型	干旱型冲积扇	湿润型冲积扇
河流性质	间歇性河流	长年河流
扇体半径	一般1.5～8km,最大可达25km	50～140km
坡度	较陡,一般3°～10°	平缓,小于1°～1.5°
河床分布格局	变化频繁紊乱	河流往往定向迁移,决口改道具有突发性
沉积物分布	自扇顶向前缘沉积物逐渐变细	自扇顶上部至前缘沉积物逐渐变细,但在冲积扇中部和前缘的河槽内分布砾质沉积
垂直层序	整个冲积扇层序自下而上逐渐变粗,但单个沉积旋回主要为向上变细的河流层序	整个冲积扇及单个旋回均为向上变细的层序

注:此表根据 Schumm S. A. (1977),Friedman. G. M. (1978),Gole C. V. (1966)资料整理,引自赵澄林、朱筱敏主编的《沉积岩石学》(第三版)。

冲积扇的沉积作用基本有两种类型:一种类型起因于暂时性水流作用,另一种起因于泥石流及其有关的作用。因此冲积扇上的沉积物按成因可分为水携沉积物和泥石流沉积物两种类型,前者可进一步按沉积位置和沉积物特征划分为漫洪沉积、河道沉积和筛状沉积。

(1)漫洪沉积:山洪涌出山口后在扇面上迅速铺撒成片状漫流,漫流覆盖的面积大小视其流量大小而定,是洪水流速顿减、水体过浅而无分选地卸弃下来的负载物,是以垂向加积方式沉积的。片状漫流主要是洪峰期洪水的活动方式,洪水悬浮质含量最高,因而席状粗碎屑沉积(砾岩和砂岩透镜体条带组成)富含泥质。洪积扇中此类沉积最发育,其粒度粗、分选极差。

(2)河道沉积:当洪水从洪峰期转入槽洪期时,扇面的片状漫流逐渐归纳入大小沟槽中,已堆积的粗碎屑席状层即被切割。沟槽外地势略高的滩地上,因洪水退出不再接受沉积或在较短的时间内只接受悬浮质的垂向沉积,因此其沉积物保持原状或增加少量细粒物质。沟槽内的沉积因被后续的悬浮质逐渐较少的水流的不断冲洗,含泥量减少,并在其上接受槽洪期搬运来的粗碎屑物的沉积。在槽洪期,多数沟槽是废弃的,只少数几条是活动的,他们不断迁移、改道、充填和废弃。其沉积物呈透镜状,为分选差的砾石和沙。这种河道沉积在扇顶和扇中部分占重要地位,在扇中部位有时出现分选好,粒度相对较细的沙坝沉积。

(3)筛滤沉积:当水流很快减弱时,从较早的粗碎屑物隙间渗滤流动,把砾石间的细粒沉积物带走,形成了碎块支撑的砾石层,这种沉积物即为筛积物,以具有特高渗透率的特征在储层中出现。

(4)泥石流沉积:泥石流是一种特殊的洪流,一般也是出现在山区和山口。它形成突然,历时短暂。因泥沙、石块等固体物质的含量很高,所以流体的密度和黏度很大,是一种高密度流。泥石流沉积物多形成于扇体发育的早期,其厚度通常几十厘米,以泥质砾岩和粒状泥岩为主,属于不渗透的隔层,它的存在使洪积扇储层的非均质性复杂化,降低了洪积扇砂体的连通性。泥石流沉积可局限于一定的河道内,也可在侧向上呈席状或朵状体延伸到河道间或扇端地区。

上述沉积物类型在空间分布上具有一定的规律性。泥石流沉积常分布在扇根附近;漫流沉积则分布在扇中和扇端地区;筛积物恰好集中分布在冲积扇河道交会点以下;而河道沉积物主要分布在交会点以上。但沉积后的冲刷侵蚀作用和突然出现的地下水,也可以使河道沉积堆积在更下游的地区。

二、冲积扇相类型及特征

关于冲积扇亚相和微相类型,前人进行过很多研究。张纪易(1980)[47]在调查现代冲积扇沉积特征的基础上,对克拉玛依油田二叠系、三叠系冲积扇进行了细致的对比分析,建立了冲积扇沉积模式(图3-6)。下面分别介绍各相特征。

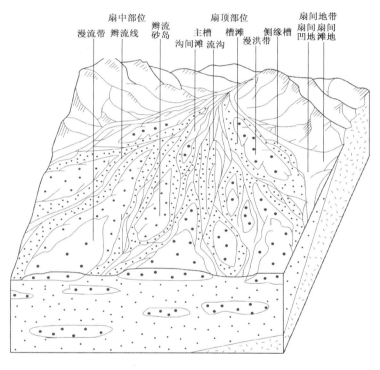

图3-6 冲积扇沉积模式图(据张纪易,1980)

(1)扇顶亚相。

扇顶,亦称扇根,是冲积扇顶端限制性河道部分的沉积,在河谷中沉积了最粗的块状砾石层,上部可沉积一些洪泛衰落期的细粒碎屑物,划分为主槽、侧缘槽、槽滩和漫洪带4个微相。

① 主槽。

主槽位于扇顶中间,顶端正对山口,呈喇叭形向下倾方向展宽,展宽程度取决于山麓斜坡地形的复杂程度。横断面呈底部微凸起的宽浅槽形,槽内布满宽仅数米、深度不足1m的细密流沟,流沟呈披麻状散布整个主槽,流沟之间为沟间滩。流沟和沟间滩可认为是扇顶部位最小的地貌或环境单元。

漫洪阶段的片状漫流视其流量大小可淹覆主槽的全部或部分。洪峰过后,洪水转变为槽洪,限于流沟中流动,故沟间滩接受的是悬移质最多的漫洪沉积物,多属泥质砾石层。流沟是槽洪活动的主要场所,水流既淘洗改造漫洪阶段沉积物,又堆积含泥量低的粗碎屑,因此流沟沉积物的渗透性高于沟间滩沉积物,支撑砾岩即形成于流沟中。流沟和沟间滩反复迁移更替,使两种渗透性差别很大的沉积物在主槽剖面上反复交替。

剖面上岩性组合为中—粗砾岩、小砾岩和粗砂岩等,砾岩含量通常在80%以上,偶夹少量局部回流或风成的中细砂岩小透镜体(露头上可观察到),厚度数十厘米至一米多,可见冲刷—充填构造。自然电位曲线呈漏斗状,下部渗透性较差。

② 侧缘槽微相。

位于扇顶主体的一侧或两侧,其上游端在山口附近与主槽分叉,形态狭长,下游端消失于扇间地带。它与外侧的山麓风化基岩和内侧的主槽之间以狭窄的其他微相如槽滩、漫洪带等作为过渡。应指出的是,并不是每个洪积扇上都发育该微相。侧缘槽沉积物与主槽沉积物无明显差别。由具有洪积层理的砾岩组成,砾岩比90%以上,有的达100%。但沉积厚度比主槽微相薄,泥质含量与主槽微相相近或更低一些,垂向上泥质含量底部最低,高渗透的支撑砾岩位于剖面的中下部。

③ 槽滩。

槽滩是扇顶的沟槽(主槽)与相对高部位(漫洪带、基岩残丘、扇侧山坡)间的过渡地带,呈狭长条带镶嵌于上述小环境之间。当主槽内地形起伏较大时,也可出现槽滩。

岩性以巨粗砂岩和砾岩为主,夹薄层不纯泥岩,砂砾岩含量60%~80%,含泥量较主槽高,分选也差,洪积层理发育,支撑砾岩少见。电阻率中高值,自然电位中幅负偏,曲线锯齿明显,旋回性不明显。渗透性从沟槽向侧向地形高的一侧逐渐变差。

④ 漫洪带。

漫洪带是扇顶亚环境中的最高部位,仅在特大洪水暴发时才接受沉积,所以其形成的砂岩厚度不大于1m。其成因有三:主槽某一部分在一定条件下不断加积堆高,两侧或一侧被冲蚀;源区抬升,山区河流下切,从而使主槽的切割加深,主槽两侧形成阶地。这两种成因的漫洪带都以主槽的巨厚碎屑沉积物为基座;突出于扇表的基岩残丘。

漫洪带沉积在扇顶沉积物中占的比例很小,单层厚度仅数十厘米至数米。它与泥石流沉积的区别在于:漫洪带沉积物在扇顶剖面上出现较少,少见100mm以上的卵石,有成层性,见不规则层理,下伏砾岩顶面的砾石表面常见铁质薄膜和裂解现象。

漫洪带沉积的碎屑岩在扇顶亚相的各种微相中最细,沉积物多为棕黄或黄褐色含砂砾泥岩和泥质砂砾岩。砂砾分布不均,分选差,但无大漂砾。砾石表面有时可见沙漠漆,圆度差,往往风化裂解成板片状或成为砂级颗粒。电阻率常小于$20\Omega \cdot m$,当粗粒沉积物含量较多时,电阻率可较高。

(2)扇中亚相。

扇中亚相区主河道呈放射状散开,绝大多数为辫状河道。沉积物比扇顶亚相沉积物细,砾石和砂的互层较发育,可见平行层理和交错层理。扇中可进一步细分为辫流河道、辫流沙岛和漫流带微相。

① 辫流河道(辫流线)。

辫流河道是主槽在扇中部位的分支,也是流沟在扇中的归并,大体呈辐向散布。辫流河道最深处在辫流线中、上段,向扇缘变浅,至交会点处,沟底露出扇面,辫流线消失。辫流河道的侧向迁移作用及流体能量的降低,易形成向上变细的半旋回沉积,层序底部可见冲刷面,有时多期半旋回垂向上叠加。其岩性较主槽细,以细砾岩、粗砂岩和含砾砂岩为主,可见粉砂岩。

砾岩含量45% ~60%,粒度中值小于主槽,分选有改善,含泥量有所增加。洪积层理仍为主要层理类型,隐约可见单层系和多层系宽缓槽形交错层理,交错层理细层的上端收敛部分多被冲刷侵蚀。底部可见冲刷面,但下切幅度不大,顶面则高低起伏很不平整,剖面上呈顶平底凸的透镜状。自然电位曲线表现为中幅的齿化箱型和钟型,中高阻。

② 辫流沙岛。

辫流沙岛是辫流线中间或边部的砾石滩,顺辫流线走向伸展,面积分布较广。砾岩含量在35% ~50%之间,但砾径较辫流线上的更大或相近,含泥量也增高。普遍发育大型交错层理,洪积层理次之。砂质沉积中还见有沙纹层理和波状层理。粒度和分选变化较大。电性特征和槽滩相似但幅度变小。

③ 漫流带。

漫流带是辫流线之间的高部位,只接受漫洪期细粒沉积,两侧或一侧常有辫流沙岛镶边。沉积物为泥质砂岩或砂质泥岩,含少量细砾石。块状层理或不规则层理,偶见根系印痕和植物碎屑。电性与漫流带相似但厚度通常有一到数米。

辫流线在扇体建设过程中不断迁移游荡,上述三种环境的沉积物交互出现在扇中部位的剖面中,其电性曲线呈指状分叉曲线。

(3)扇缘亚相。

扇缘亚环境以细粒泛滥沉积为主要岩性,虽然有次生扇和小股水流沉积的沙和砾石,但所占比例很小。扇缘实际上是洪积扇和相邻环境(如河流、湖泊、沙漠等)之间的过渡地带。当扇体紧邻水体时,扇顶或扇中沉积直接插入水体形成扇三角洲而缺失扇缘。正在发育的小型扇体往往也没有扇缘。

扇缘是整个洪积扇中沉积物最细、流体能量最低的部分,呈环带状围绕在洪积扇周围。扇缘沉积主要是黄褐和棕红色过渡岩性沉积,沉积物多为中、细砂、粉砂和泥质。沉积构造有块状层理、沙纹层理、波状层理、不规则层理。多见草木根系和枝叶印痕,沉积物中有时夹薄层硬石膏。扇缘环境相对简单,主要发育片流沉积(湿地)和水道径流(边、心滩)两个微相。

① 水道径流(边、心滩)。

扇缘的低洼处在扇中来水的不断冲洗下,逐渐形成小的沟道,即水道径流,其沉积的形态有时似河道的边、心滩沉积。岩性有含砾中砂岩、中细砂岩和粉砂岩。剖面上可以出现多期向上变细的半旋回叠加,但每一层较薄,20cm 左右,层与层之间可夹有少量泥质物。自然电位曲线幅度较低,呈钟型。

② 片流(湿地)。

片流沉积是指扇缘中相对平坦的部位,分布范围较大,只有在发生大型洪流时期才接受粗粒沉积,形成泛滥平原沉积。岩性以粉砂岩和泥岩为主,少量中—细砂岩。可见沙纹层理和植物碎屑。自然电位曲线幅度极低,一般呈平直型。

实际上,空间上冲积扇各亚相之间并没有明确的物理界面,其间的界限是很难精确划分的。在进行大量调查的基础上,本文总结了不同类型冲积扇扇根与扇中亚相在地貌学、岩石学及沉积物搬运机制等方面的特征及差异(表3 – 2)。

表 3 – 2   不同类型冲积扇扇根与扇中亚相特征

亚相类型		扇根		扇中		实例	
		湿润型	干旱型	湿润型	干旱型	湿润型	干旱型
地貌学特征		沉积坡度角大，常发育有单一的或 2~3 个直而深的主河道		以坡度角较小和辫状河道发育为特征		现代云南洱海、点苍山东麓、大理隐仙溪冲积扇裙；德克萨斯范霍恩湿润型冲积扇；喜马拉雅山南坡柯西河冲积扇；印度巨型扇	现代的天山南麓、祁连山北麓冲积扇裙；黄骅坳陷南部枣园油田；死亡谷中的戈拉克谢普冲积扇；死亡谷中的特罗尔海姆冲积扇
岩石学特征	岩性粒度	粒度粗	粒度粗	粒度粗	粒度粗		
	分选性	分选差	分选差	分选较差	分选差		
	磨圆性	磨圆较差	磨圆差	磨圆较好	磨圆差		
	泥质含量	泥质含量较低	泥质含量高	泥质含量较低	泥质含量高		
	层理类型	基本不显层理	不显层理	显层理	略显层理		
	支撑机制	碎屑支撑为主	基质支撑为主	碎屑支撑为主	基质支撑为主		
搬运及沉积机制		碎屑流，牵引流，以碎屑流为主，河道充填为主	泥石流，碎屑流，快速堆积	碎屑流和牵引流河道充填	碎屑流片流		

第二节   储层沉积模式

一、沉积相划分

六中区是典型的冲积扇沉积(图 3 – 7 和表 3 – 3)。

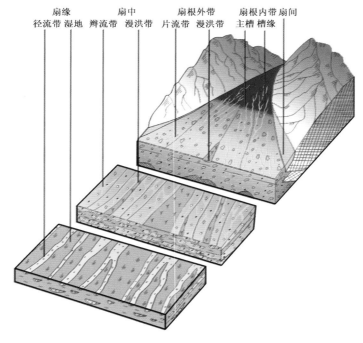

图 3 – 7   六中区克下组油藏冲积扇模式图

表 3-3　冲积扇构型分级

亚相带	五级	四级	三级
扇根内带	槽流带 (主槽、侧缘槽)	槽流砾石体	槽流砾石坝
			槽流流沟
		泥石流沉积	
	漫洪带	漫洪砂体	
		漫洪细粒沉积	
扇根外带	片流带	片流砾石体	片流砾石坝
			片流流沟
	漫洪带	漫洪砂体	
		漫洪细粒沉积	
扇中	辫流带	辫流水道	沙坝
			沟道
	漫流带	漫流砂体	
		漫流细粒沉积	
扇缘	径流带	径流水道砂体	
	漫流—湿地	漫流砂体	
		漫流细粒沉积	

扇根内带亚相分布局限,仅发育于 S_7^4 北西部位,S_7^{3-2}—S_7^4 主要为扇根外带亚相沉积,S_7^1—S_7^{3-1} 主要为扇中亚相沉积,S_6 主要为扇缘亚相沉积。

二、沉积相分布特征

(1)剖面沉积特征。

扇根外带亚相以片流沉积为主,储层砂体厚度大,连续性好;扇中亚相为辫流水道多期河道的叠加沉积,向上过渡为单一河道沉积,储层连续性变差。顺物源方向,砂体连续性较好,垂直物源方向,砂体连续性相对较差(图 3-8)。

(2)平面沉积特征。

S_7^4—S_7^{3-2} 主要为扇根外带沉积,S_7^4 底部局部为填平补齐区域,连片状分布(图 3-9)。

S_7^{3-1} 至 S_7^1 主体为辫流水道沉积,砂体由平面连片状逐渐演变为条带状(图 3-10)。

S_6^3 至 S_6^1 为扇缘沉积,砂体不发育,呈窄条状分布(图 3-11)。

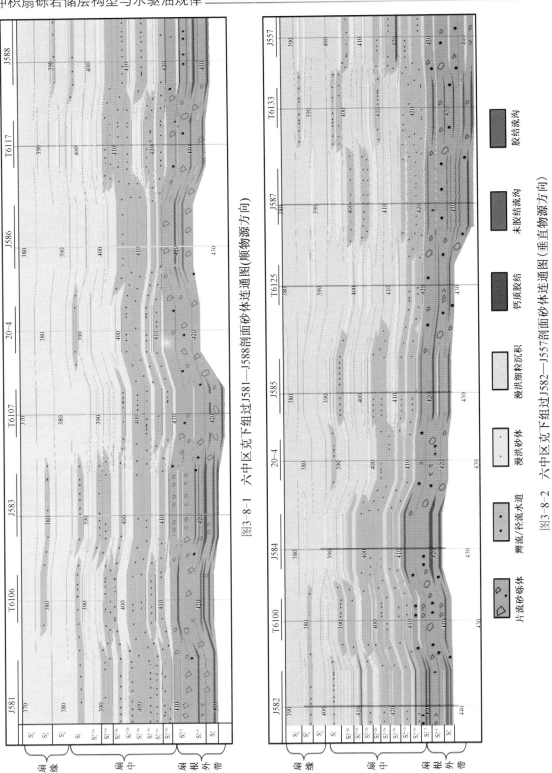

图3-8-1 六中区克下组过J581—J588剖面砂体连通图(顺物源方向)

图3-8-2 六中区克下组过J582—J557剖面砂体连通图(垂直物源方向)

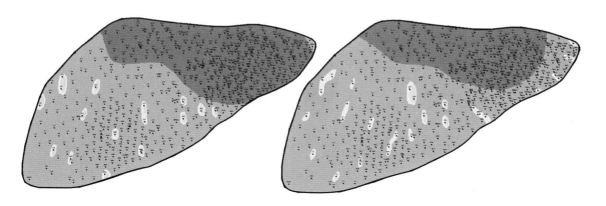

图3-9-1 六中区$S_7^{3\text{-}2}$平面沉积特征　　　　　图3-9-2 六中区$S_7^{3\text{-}3}$平面沉积特征

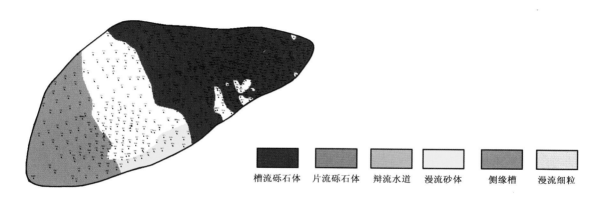

槽流砾石体　片流砾石体　辩流水道　漫流砂体　侧缘槽　漫流细粒

图3-9-3 六中区S_7^4平面沉积特征

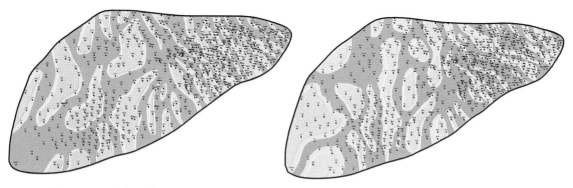

图3-10-1 六中区S_7^1平面沉积特征　　　　　图3-10-2 六中区$S_7^{2\text{-}1}$平面沉积特征

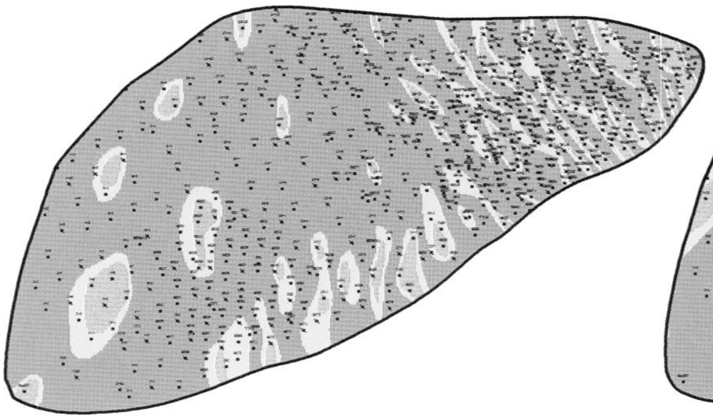

图3-10-3　六中区S_7^{2-2}平面沉积特征

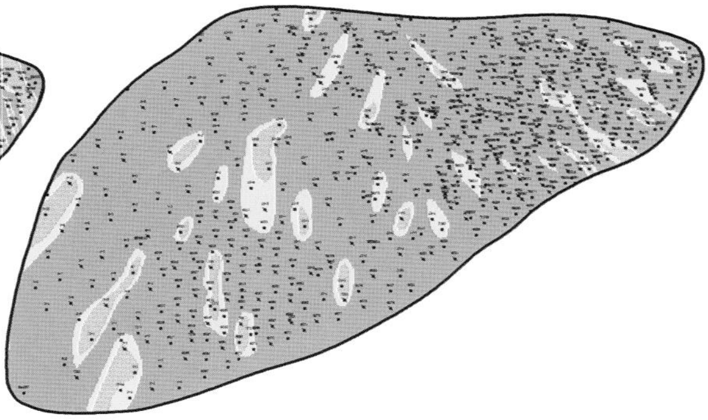

图3-10-4　六中区S_7^{2-3}平面沉积特征

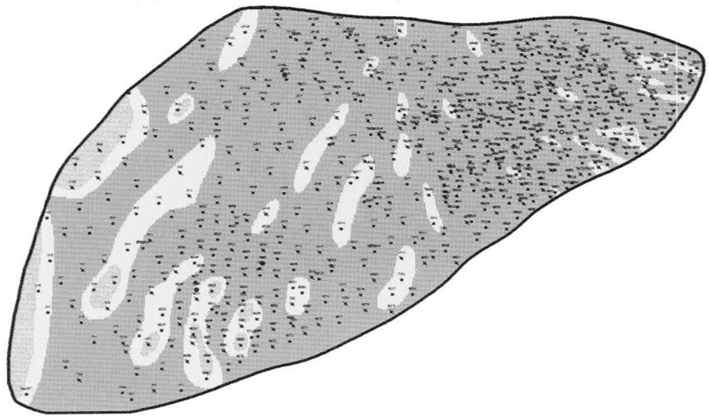

图3-10-5　六中区S_7^4平面沉积特征

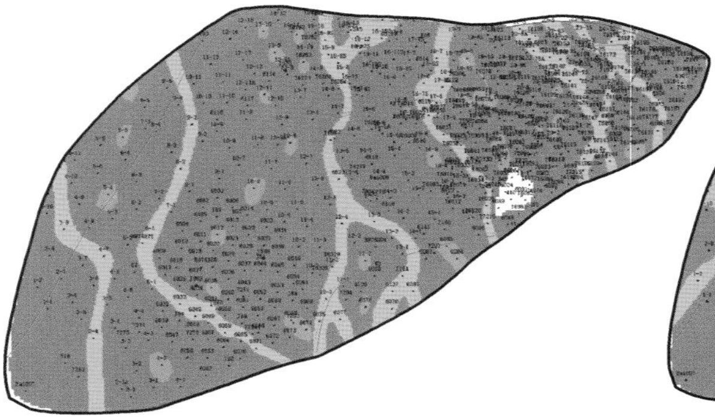

辫流水道　　漫流砂体　　漫流细粒

图3-11-1　六中区S_6^1平面沉积特征

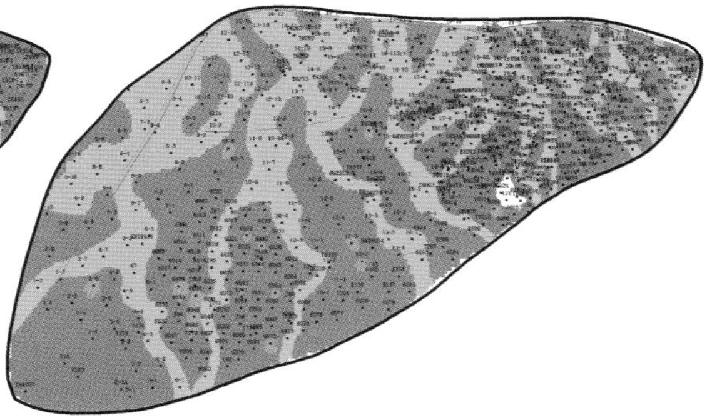

图3-11-2　六中区S_6^2平面沉积特征

辫流水道　　漫流砂体　　漫流细粒

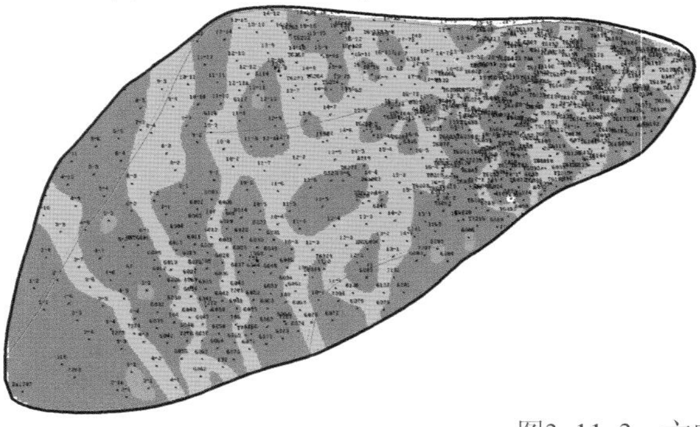

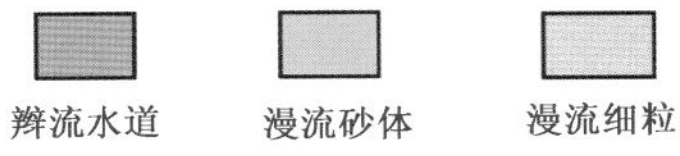

图3-11-3　六中区S_6^2平面沉积特征

第三节 构型要素分级

构型分级依据：

（1）按 Miall（1985）构型要素的定义和构型分析的原理，DeCelles 等（1991）冲积扇构型分级基础。

（2）借鉴张纪易（1985）的微相研究成果，以及同一类型冲积扇研究成果。

（3）研究区冲积扇的认知成果——露头、岩心、现代沉积、密井网等分析认识

① 构型单元的认知：增加部分单元名称，如槽流砾石体、片流带及片流砂砾体等。

② 构型单元的组合关系认知：扇根"泛连通体"，相带分界等。

七级构型为冲积扇复合体，六级构型为单一冲积扇体。按照分相带构型研究的思路，划分单一冲积扇体内部构型要素（五级—三级）的分级系统（表 3 - 3），明确了二级——一级构型单元（图 3 - 12），但是从测井识别的角度来看，很难到二级、一级构型单元，所以本次研究主要对五级—三级构型单元进行重点解剖。

第四节 构型要素特征分析

一、槽流砾石体

槽流砾石体为洪水期快速堆积于主槽（或侧缘槽）的沉积体，是冲积扇储层粒度最粗的构型单元。岩心观察与描述结果表明，槽流砾石体以中砾岩相为主，局部可见粗砾岩，偶尔夹有薄层砂岩透镜体。其堆积混杂，分选和磨圆极差，发育块状构造，厚度大于 2m，中间夹有薄砂层。槽流砾石体的自然电位 SP 和地层电阻率 RT 为漏斗形，RT 介于 70 ~ 90Ω·m 之间（图 3 - 13）。

槽流砾石体包括槽流砾石坝和槽流流沟两个三级构型单元（相当于张纪易模式的沟间滩和流沟）（图 3 - 14）。洪峰期主槽内形成片状快速混杂堆积的砾石体，洪水后期及间洪期水流在其上冲刷形成流沟，流沟之间即为砾石坝。

图 3 - 14 为克拉玛依北山现代冲积扇槽流砾石坝和槽流流沟照片。该扇为干旱型冲积扇，与研究区克下组冲积扇类型相同，扇根岩石相类型和沉积特征也与研究区克下组冲积扇扇根相似。扇面出现沿水流方向小流沟，流沟之间为砾石坝。流沟宽度为几米到十几米，深度为0.1 ~ 0.3m，向远处逐渐消失。

砾石坝地势相对较高，岩性较粗，多为中砾岩相，砾石含量大于 90% ，其中粗砾和中砾含量大于 30% 。流沟内主要充填洪水期后的沉积物，粒度比砾石坝细，分选更好，多为细砾岩相、粗砂岩相，有时也充填粉砂岩相等细粒沉积。流沟一般宽数米。

流沟为大段中砾岩相中夹含薄层的细砾岩相、粗砂岩相、中砂岩相、细砂岩相，分选较好，厚度约 0.2m。流沟地层电阻率 RT 介于 80 ~ 120Ω·m 之间（图 3 - 15）。

二、泥石流沉积

泥石流沉积多出现于槽流带中靠近出山口的位置，分布范围很小。岩心资料显示，泥石流沉积主要为基质支撑的中砾岩相，分选极差，块状构造，含漂砾。砾石直径不等，最大砾石直径

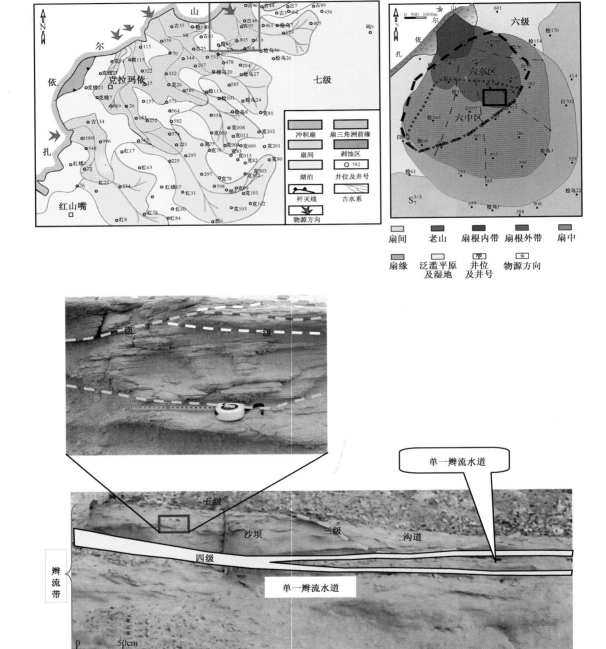

图 3 - 12　冲积扇构型分级

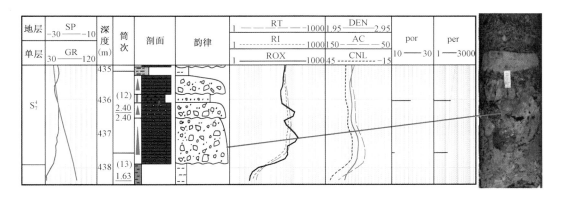

图 3 - 13 槽流砾石体测井曲线及岩性特征特征(J583 井)

图 3 - 14 现代冲积扇中流沟沉积照片(克拉玛依北山)

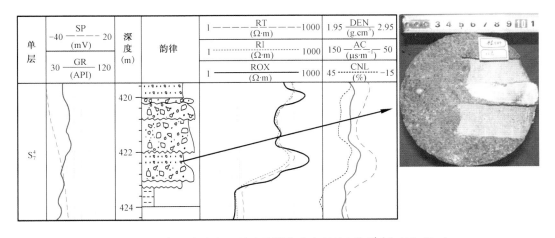

图 3 - 15 扇根流沟岩心照片及测井响应(J584 井 S_7^4 层, 422.69m)

大于100mm。泥石流沉积的厚度约0.4m,地层电阻率RT呈钟形,介于15~40Ω·m之间(图3-16)。

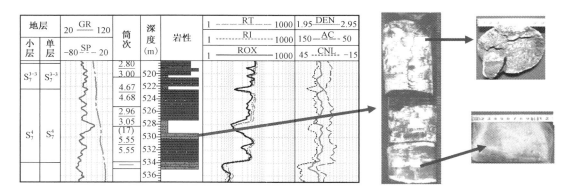

图3-16　泥石流沉积电性及岩性特征(J570井)

三、漫洪砂体

洪峰过后在扇面相对高部位形成的砂体。岩性一般为含泥砂砾岩,粒度一般小于中砾,分选磨圆差。

砂泥砾混杂,泥质含量高。电阻率在10~80Ω·m(图3-17)。

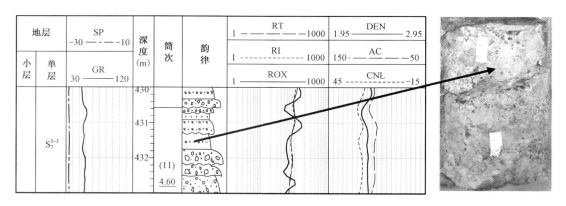

图3-17　含泥砂砾岩电性及岩性特征(J582井,S_7^{3-3}层)

四、漫洪细粒沉积

岩性为含砾泥岩,含砾泥质粉砂岩及中细砂岩。

岩性相对较细。电阻率近基线,一般小于30Ω·m。自然伽马大于70API(图3-18)。

五、片流砂砾体

洪水期,洪水携带的粗碎屑物质在冲积扇面快速堆积而形成的砂砾岩体。片流宽度取决于扇体大小及洪水能量。

(1)岩相。

① 中砾岩和砂砾岩,粒径从细砾至中砾,中砾含量一般大于25%。

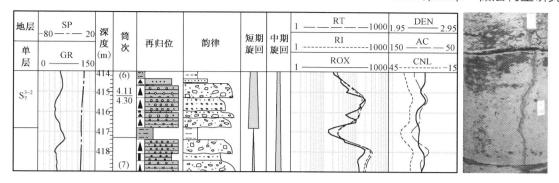

图 3 – 18　含砾泥岩电性及岩性特征（J583 井，S_7^{3-2} 层）

② 分选较差，砾石圆度差—中。

③ 多为块状构造，不显层理。

④ 呈不明显的正韵律，向上砾石含量变少，砾石变小，略显成层性。

（2）搬运机制。

介于经典碎屑流与牵引流之间快速堆积。

（3）特征。

① 厚层块状。

② 砂砾岩，分选磨圆较差。

③ 不完整韵律。

④ 电阻率呈箱形，100Ω·m 左右（图 3 – 19）。

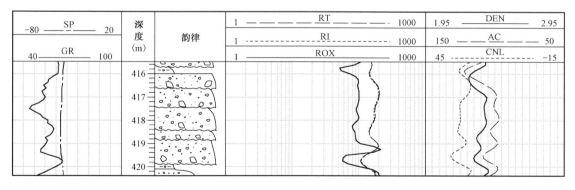

图 3 – 19　片流砂砾体测井曲线特征（J583 井）

⑤ 砂砾岩内部韵律：砾石向上变少、变小（图 3 – 20）。

（4）内部构型。

① 沙砾坝。

对于沙砾坝而言，由下向上，粒度呈不明显正韵律，而渗透率总体上呈明显反韵律特征（图 3 – 21）。

② 流沟。

洪峰过后及间洪期在片流沙砾坝上冲刷形成的形成的片流流沟。粒度比沙砾坝细，分选更好，含泥量更低，厚度一般小于 1.0m，声波时差和电阻率略回返（图 3 – 22）。

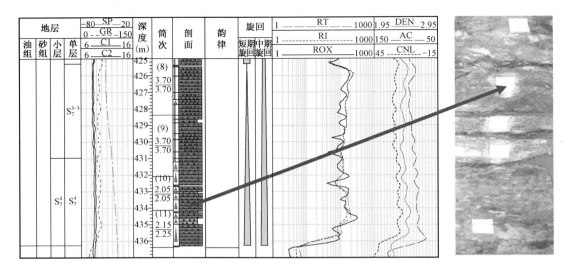

图 3-20　片流砂砾体内部沉积韵律(J583 井)

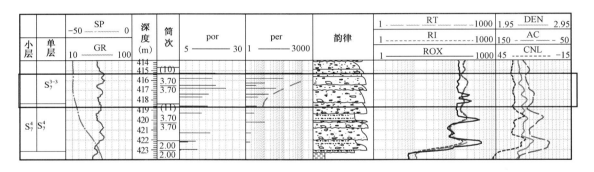

图 3-21　沙砾坝内部沉积韵律(J584 井)

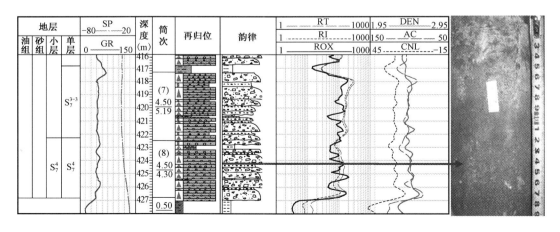

图 3-22　流沟测井曲线及岩性特征(J583 井)

六、漫流细粒沉积

洪泛后的悬浮沉积。岩性一般为泥岩(一般含小砾石)、含泥粉砂—细砂岩和泥质细砾岩,可见植物根系。

电阻率近基线,一般小于30Ω·m,自然伽马大于60API(图3-23)。

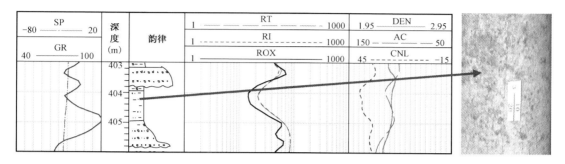

图3-23 漫洪细粒沉积电性及岩性特征(J588井,S_7^{2-1}层)

七、辫流水道

在漫流细粒沉积背景下,下切形成的河道,在扇中呈辫状分布,向扇缘变为径流。

(1)岩相。

① 以粗砂岩、细砾岩为主,砂砾岩少见(图3-24)。

② 分选较好,圆度中—好。

③ 多为块状构造,不显层理。

④ 呈典型正韵律,见平行层理和板状交错层理。

图3-24 辫流水道岩性特征

(2)辫流水道内部构型。

① 辫流沙坝。

岩性较粗,砂质细砾岩和含砾粗砂岩。分选较好,厚度较大(大于1m)。电阻率大于80Ω·m(图3-25)。

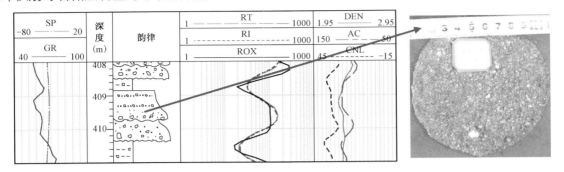

图 3-25　辫流沙坝电性及岩性特征（J584 井，S_7^{3-1} 层）

② 辫流沟道。

岩性较细，以细砂岩或泥质细砂岩为主，厚度一般 30～50cm，电阻率 10～80Ω·m（图 3-26）。

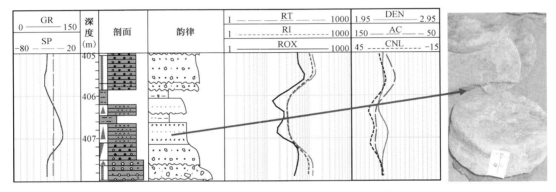

图 3-26　辫流沟道电性及岩性特征（J581 井，S_7^{3-1} 层）

对于辫状河道而言，由下向上，渗透率与粒度韵律特征相似，总体上呈明显正韵律（图 3-27）。

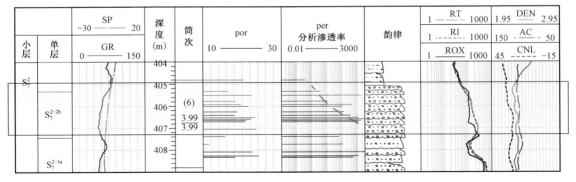

图 3-27　辫流沟道韵律特征（J586 井）

八、径流水道

扇缘的低洼处在扇中来水的不断冲洗下，逐渐形成小的沟道，即径流水道。岩性主要为细砂岩、中—粗砂岩、砂砾岩。径流水道单层较薄，一般小于 1m，体积小于扇缘体积的 10%。

图 3-28 中圈出的是深底沟露头剖面克下组 S_6 层的径流水道,其岩石相为中细砂岩相,在剖面上呈顶平底凸的薄透镜状镶嵌于泥岩相中,规模很小,宽度约为几米至几十米,厚度为 0.3~0.5m。

九、漫流砂体

漫流砂体岩石相为含泥的中砂岩相、中砂岩相和粉砂岩相;单层厚度一般小于 0.5m;测井曲线呈指状小尖峰,地层电阻率 RT 介于 20~40Ω·m 之间(图 3-29)。

十、钙质胶结

电阻率异常高值,岩性致密(图 3-30)。
各类构型要素综合特征见表 3-4。

图 3-28　深底沟扇缘径流水道露头照片

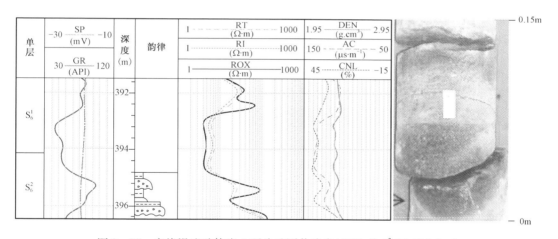

图 3-29　扇缘漫流砂体岩心照片及测井响应(J582 井 S_6^2 层,395.3m)

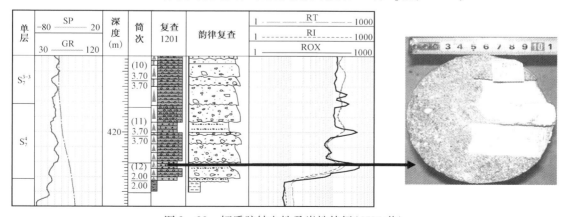

图 3-30　钙质胶结电性及岩性特征(J584 井)

表3-4 构型要素特征

亚相	扇根内带				扇根外带			扇中			扇缘		
四级构型单元	槽流砂砾体	泥石流沉积	漫洪砂体	漫洪细粒沉积	片流砂砾体	漫洪砂体	漫洪细粒沉积	辫流水道	漫流砂体	漫流细粒沉积	径流水道	漫流砂体	漫流细粒沉积
沉积厚度	厚—最厚	厚	中等—薄	薄	厚	中等—薄	薄	中等	中等—薄	薄	中等—薄	薄	薄
岩石相	中砾岩	泥质中砾岩	含泥中砾岩	含砾泥岩,含砾泥质粉砂岩,中细砂岩	不等粒砾岩,细砾岩	含泥不等粒砾岩	含砾泥岩,含砾泥质粉砂岩,中细砂岩	含砾粗砂岩,细砾岩	含泥中粗砂岩	含泥中粗砂岩	细砂岩,中粗砂岩,泥质细砂岩	含泥中砂岩,中细砂岩,粉砂岩	泥岩,泥质粉砂岩
层理	块状	块状	块状	块状	块状	块状	块状	交错层理,平行层理	沙纹层理,波状层理	块状	交错层理	波状层理	块状
韵律性	正韵律	正韵律	正韵律	无	正韵律	正韵律	无	正韵律	正韵律	无	正韵律	正韵律	无
含油性	较好	差	中等	无	较好	中等	无	好	中等	无	中等—差	差	无
渗透($10^{-3}\ \mu m^2$)	6~200	<30	6~30	<10	6~300	6~30	<10	30~3000	6~30	<10	30~200	6~30	<10
电阻率($\Omega \cdot m$)	70~300	5~50	30~70	5~30	60~300	30~70	5~30	40~200	30~70	5~30	15~40	10~30	5~30
SP幅度	大	中等—低	中等	低	大	中等	低	大	中等	低	中等	中等—低	低
亚相带曲线形态	假反韵律,漏斗形				箱形,局部高阻			箱形,高低阻互层			近平直状,局部高阻		
四级构型单元曲线形态	滤斗形	钟形	箱形	近平直状	箱形	箱形	近平直状	钟形	指状	近平直状	钟形	指状	近平直状

第五节　内部构型模式

一、扇根内带亚相

扇根内带亚相分布于冲积扇根部,沉积坡度角大,快速堆积,形成砂砾岩泛连通体。

1. 识别依据

(1)岩石粒度粗,中砾岩发育,混杂堆积,块状构造,分选和磨圆较差;

(2)可见泥石流沉积;

(3)分布有限,在扇顶端分布;

(4)细粒沉积少,剖面结构为砂砾岩体夹泥岩;

(5)电阻率曲线、声波时差曲线和密度曲线呈箱形或钟形,自然电位曲线呈"漏斗"形(图3-31)。

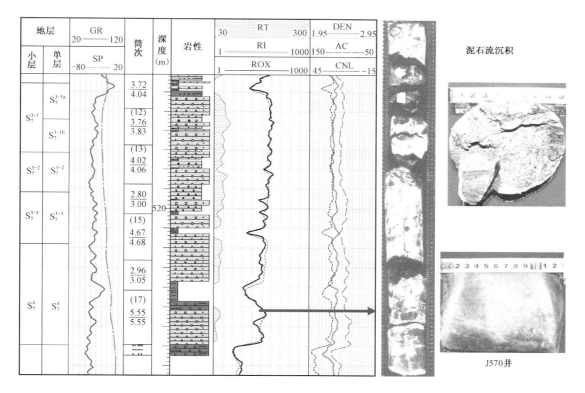

图3-31　扇根亚相测井曲线及岩性特征

2. 沉积构型单元特征

(1)主槽。

主槽位于扇顶中间,顶端正对山口,呈喇叭形向下倾方向展宽,展宽程度取决于山麓斜坡地形的复杂程度(表3-5)。

表 3 – 5　扇根内带亚相构型分级

五级	四级	三级
槽流带	槽流沙砾体	槽流砾石坝
		槽流流沟
	泥石流沉积	
漫洪带	漫洪砂体	
	漫洪细粒沉积	

① 槽流砂砾体。

洪水期,快速堆积于主槽。岩石粒度粗,中砾岩发育,混杂堆积,块状构造,分选和磨圆较差。

② 泥石流沉积。

泥质砂砾岩,块状构造,含漂砾。

(2)漫洪带。

扇根内带亚相中的相对高部位。

① 漫洪砂体。

含泥的砂砾岩,粒度一般小于中砾,分选磨圆差。

② 洪漫细粒沉积。

含砾泥岩,含砾泥质粉砂岩及中细砂岩。

3. 储层内部构型特征

储集单元:槽流砂砾体和漫洪砂砾体。

渗流屏障:泥石流沉积、漫洪细粒沉积和钙质胶结。

4. 内部构型模式

① 槽流砂砾体纵横向叠置成泛连通体(图 3 – 32);

② 侧向上分布有基岩残丘;

③ 内部具不稳定夹层(漫流细粒沉积与钙质胶结)。

二、扇根外带亚相

洪水出主槽后,快速堆积(片流砂砾坝),形成泛连通体。

1. 识别依据

(1)砂砾岩发育,砾石粒度比扇根内带细(中砾岩少),混杂堆积,块状构造,分选和磨圆较差;

(2)漫洪细粒沉积少,剖面结构为砂砾岩体夹泥岩;

(3)分布较广;

(4)测井曲线为箱形夹小回返(图 3 – 33)。

2. 沉积构型单元特征

(1)片流带

片流砂砾体:

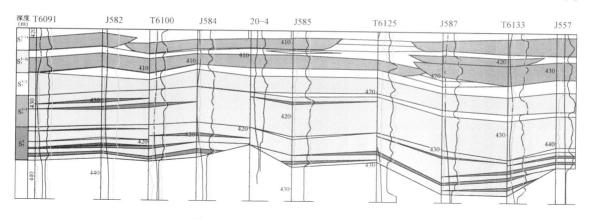

图 3 - 32　T6091—J557 剖面砂体连通图

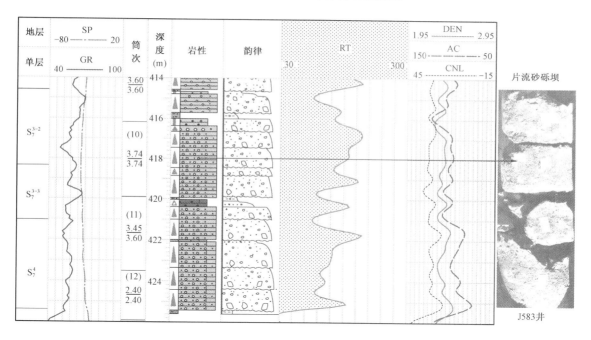

图 3 - 33　扇根外带测井曲线及岩性特征

　　洪水期,洪水携带的粗碎屑物质在扇面的相对低部位甚至整个扇面快速堆积而形成的砂砾岩体。片流宽度取决于扇体大小及洪水能量(表 3 - 6)。

表 3 - 6　扇根外带亚相构型分级

五级	四级	三级
片流带	片流砂砾体	片流砂砾坝
		片流流沟
漫洪带	漫洪砂砾体	漫洪细粒沉积

岩相：

① 砂砾岩和细砾岩为主，含中砾。

② 分选较差，砾石圆度差—中。

③ 多为块状构造，不显层理。

④ 呈不明显的正韵律，向上砾石含量变少，砾石变小，略显成层性。

搬运机制：介于经典碎屑流与牵引流之间，快速堆积。

（2）漫洪带

扇根外带的相对高部位。

① 漫洪砂体。

砂泥砾混杂，泥质含量高，电阻率 $10 \sim 80\Omega \cdot m$。

② 漫洪细粒沉积。

洪泛后的悬浮沉积。岩性一般为泥岩（一般含小砾石）、含泥粉砂—细砂岩和泥质细砾岩，可见植物根系。

电阻率近基线，一般小于 $30\Omega \cdot m$。自然伽马大于70API。

3. 储层内部构型特征

储集单元：片流砂砾体、漫洪砂砾体。

渗流屏障：漫流细粒沉积和钙质胶结。

4. 内部构型模式

① 片流砂砾体横向叠置成泛连通体（图3－34），垂向多期片流砂砾体叠置（图3－35）；

② 在局域内具层间隔层（漫洪细粒沉积）（图3－36）；

③ 砂砾体内部具不稳定夹层（漫洪细粒沉积与钙质胶结）（图3－36）。

三、扇中亚相

片流带演变为辫流带，辫流水道发育，其间为漫流细粒沉积，形成多个被泥岩分隔的连通体。

1. 识别依据

（1）砂体以含砾粗砂岩为主，砾石粒度比扇根外带小，可见平行层理、板状交错层理和块状构造，可见砾石定向排列，分选和磨圆较好；

（2）漫洪细粒沉积较扇根外带发育，剖面结构为砂砾岩体与泥岩互层；

（3）分布较广；

（4）测井曲线表现为高、低阻指状互层（图3－37）。

2. 沉积构型单元特征

（1）辫流带。

辫流水道：

① 以粗砂岩、细砾岩为主，砂砾岩少见；

② 分选较好，圆度中—好；

③ 多为块状构造，不显层理；

④ 呈典型正韵律，见平行层理和板状交错层理（表3－7）。

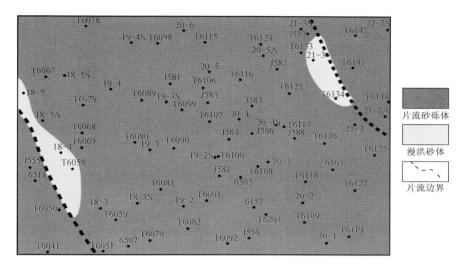

图 3 - 34　系统密闭取心井周围 S_7^{3-2} 沉积特征

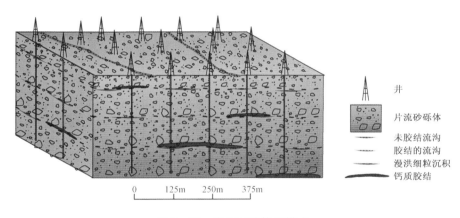

图 3 - 35　扇根三维构型模式

（2）漫流带。

① 漫流砂体。

岩性相对较细为含泥中粗砂岩;分选相对较差,厚度一般小于 1m。电阻率小于 $80\Omega \cdot m$。

② 漫流细粒沉积。

为泥岩（一般含小砾石）;含泥粉砂—细砂岩;泥质细砾岩。

3. 储层内部构型特征

储集单元:辫流水道砂体和漫流砂体。

渗流屏障:漫流细粒沉积。

4. 内部构型模式

① 辫状水道叠合成宽带状连通体（图 3 - 38—图 3 - 42）,S_7^{3-1} 至 S_7^1 主体为辫流水道沉积,砂体由宽带状逐渐演变为窄带状。

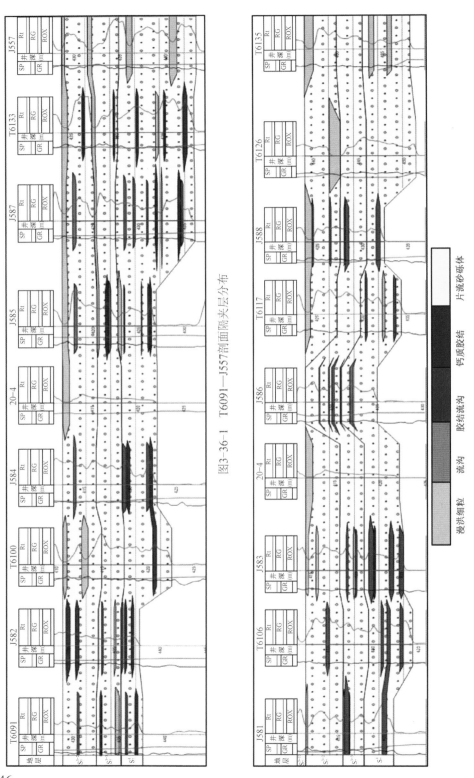

图3-36-1 T6091—J557剖面隔夹层分布

图3-36-2 J581—T6135剖面隔夹层分布

片流砂砾体

钙质胶结

胶结流沟

流沟

漫洪细粒

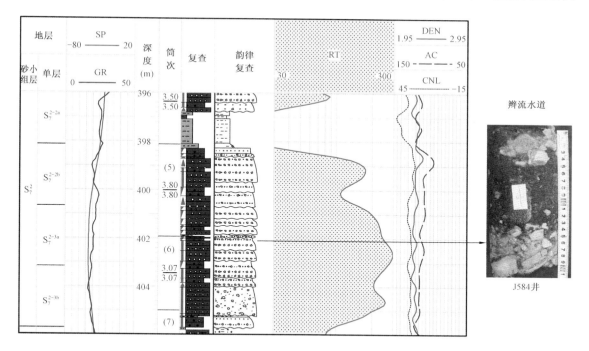

图 3 - 37   扇中测井曲线及岩性特征

表 3 - 7   扇中亚相构型分级

五级	四级	三级
辫流带	辫流水道	沙坝
		沟道
漫流带	漫流砂体	
	漫流细粒沉积	

② 侧向被漫流泥岩分隔；

③ 垂向隔层较连续；

④ 单一水道间具有不稳定夹层。

四、扇缘亚相

扇缘是整个洪积扇中沉积物最细、流体能量最低的部分,呈环带状围绕在洪积扇周围。

1. 识别依据

(1)砂体不发育,粒度较小,主要为细砂岩、中—粗砂岩,少见砂砾岩,可见层理,分选和磨圆中等;

(2)漫洪细粒沉积发育,剖面结构为泥岩夹砂体;

(3)平面上砂体呈条带分布;

(4)电性曲线表现为平直低阻形态,其间有时夹少量中阻薄层(图 3 - 43)。

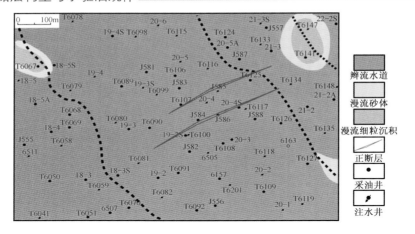

图 3 – 38　S_7^{3-1} 沉积特征

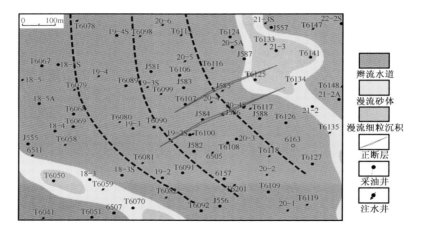

图 3 – 39　S_7^{2-3} 沉积特征

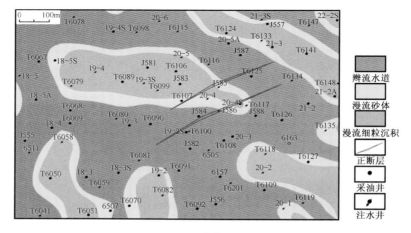

图 3 – 40　S_7^{2-2} 沉积特征

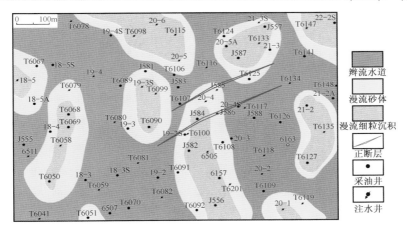

图 3 - 41　S_7^{2-1} 沉积特征

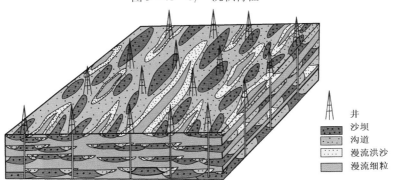

图 3 - 42　扇中三维构型模式

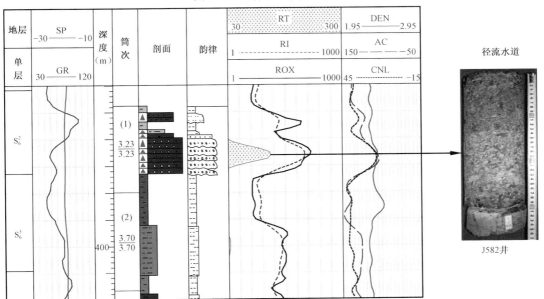

图 3 - 43　扇缘测井曲线及岩性特征

2. 沉积构型单元特征

（1）径流带

径流水道：扇缘的低洼处在扇中来水的不断冲洗下，逐渐形成小的沟道，即径流水道。岩性主要为细砂岩、中—粗砂岩（表3-8）。

表3-8 扇缘亚相构型分级

五　级	四　级	三　级
径流带	径流水道	
湿地	漫流砂体	
	漫流细粒沉积	

（2）湿地

扇缘中相对平坦部位，分布范围较大。部分地区具有短暂水体存在。

① 漫流砂体。

② 漫流细粒沉积。

3. 储层内部构型特征

储集单元：径流水道砂体和漫流砂体。

渗流屏障：漫流细粒沉积。

储集单元呈条带状"镶嵌"于渗流屏障中。

4. 内部构型模式

（1）水道窄，与漫流砂体构成窄带状连通体（图3-44—3-47）；

（2）侧向被漫流泥岩分隔；

（3）垂向隔层连续。

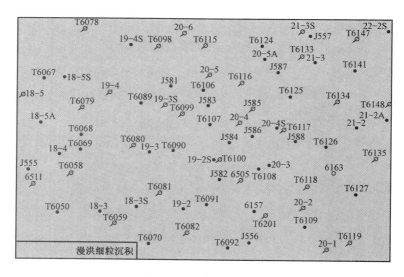

图3-44　S_6^1 沉积特征

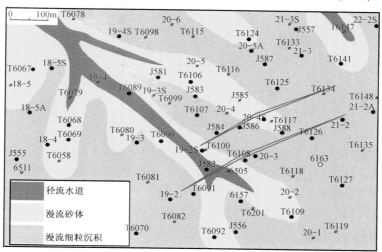

图 3－45 S$_6^2$ 沉积特征

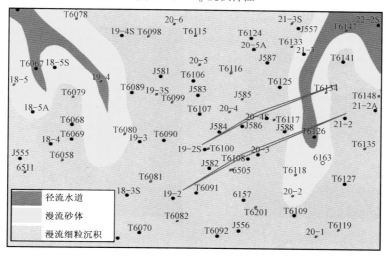

图 3－46 S$_6^3$ 沉积特征

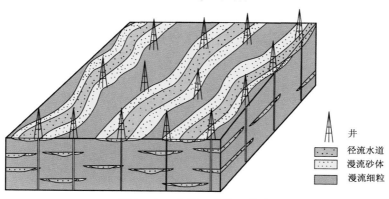

图 3－47 扇缘三维构型模式

第四章 储层渗流差异研究

第一节 不同岩石相的微观渗流差异

通过对六中区 14 口密闭取心井的分析,将六中区克下组储集层岩相分为 8 种岩石相,即中—细砂岩相、粗砂岩相、含砾粗砂岩相、细砾岩相、砂砾岩相、砂质砾岩相、泥质砾岩相和砾岩相。采用取心井岩心描述、物性分析、铸体照片、扫描电镜、压汞等方法分析了各类岩相的孔隙结构特征。不同岩相的孔隙结构特征导致不同岩相微观渗流存在较大差异。

一、中—细砂岩孔隙结构特征

中—细砂岩颗粒分选中等至好,粒间多被黏土杂基充填,常发育细小粒间溶孔及细小粒内溶孔,孔隙分布相对均匀,但连通性较差(图 4 - 1—图 4 - 5)。

图 4 - 1 中—细砂岩岩心照片

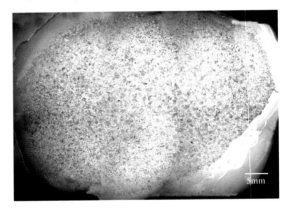

图 4 - 2 中—细砂岩大铸体照片
$(K = 22 \times 10^{-3} \mu m^2)$

图 4 - 3 中—细砂岩铸体照片($D = 5.5mm$)

图 4 - 4 中—细砂岩扫描电镜

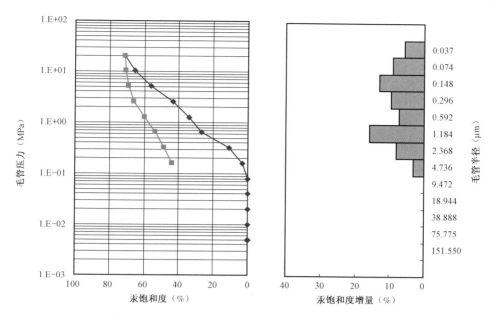

图 4 – 5　中—细砂岩毛管压力曲线及孔喉分布直方图

二、粗砂岩孔隙结构特征

粗砂岩颗粒分选中等,孔隙式胶结,接触方式为点状接触,杂基含量低;粒间孔及粒间溶孔较发育,粒内溶孔常见;以点状喉道和缩颈状喉道为主,孔喉分布均匀,连通性较好(图 4 – 6—图 4 – 10)。

图 4 – 6　粗砂岩心照片

图 4 – 7　粗砂岩大铸体照片($K = 216 \times 10^{-3} \mu m^2$)

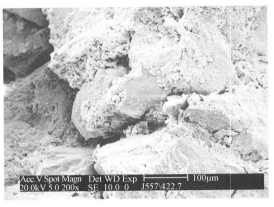

图 4 - 8　粗砂岩铸体照片($D=5.5\text{mm}$)　　　　图 4 - 9　粗砂岩扫描电镜照片

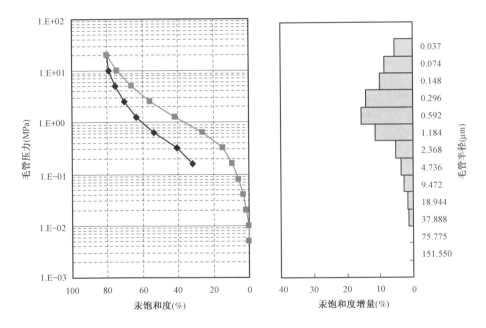

图 4 - 10　含砾粗砂岩毛管压力曲线及孔喉分布直方图

三、含砾粗砂岩孔隙结构特征

含砾粗砂岩颗粒分选相对较好,孔隙式胶结,接触方式为点状接触,填隙物含量低;孔隙类型以粒间孔和粒间溶孔为主,以点状喉道和缩颈状喉道为主,孔喉连通呈网状,孔喉分布均匀,连通率达 70% 以上(图 4 - 11—图 4 - 15)。

四、细砾岩孔隙结构特征

细砾岩岩石碎屑为颗粒支撑,呈点接触,颗粒分选中等—好,以次棱角状为主,填隙物含量少,以泥质胶结为主,含少量钙质胶结;原生粒间孔和粒间溶孔发育;以缩颈状喉道和点状喉道为主,其次为少量片状喉道;孔喉连通呈网状,连通性好(图 4 - 16—图 4 - 20)。

图 4 - 11 含砾粗砂岩心照片

图 4 - 12 含砾粗砂岩大铸体照片($K = 779 \times 10^{-3} \mu m^2$)

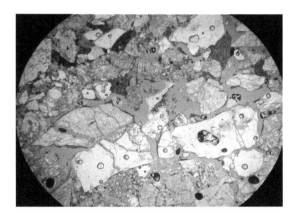

图 4 - 13 含砾粗砂岩铸体照片($D = 5.5mm$)

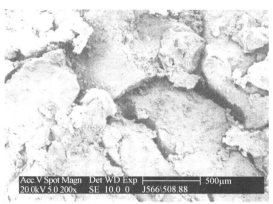

图 4 - 14 含砾粗砂岩扫描电镜照片

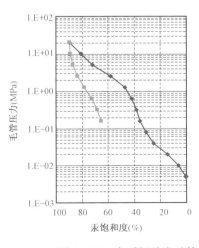
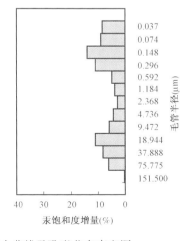

图 4 - 15 含砾粗砂岩毛管压力曲线及孔喉分布直方图

图 4-16　细砾岩岩心照片

图 4-17　细砾岩大铸体照片($K = 566 \times 10^{-3} \mu m^2$)

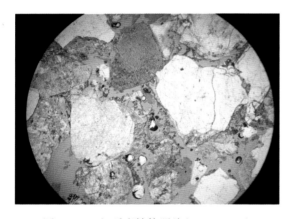

图 4-18　细砾岩铸体照片($D = 5.5mm$)

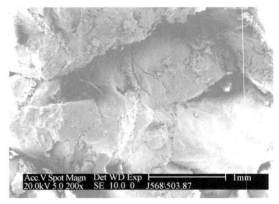

图 4-19　细砾岩扫描电镜照片

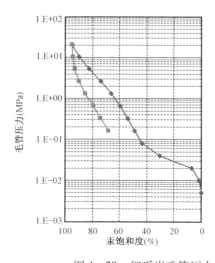

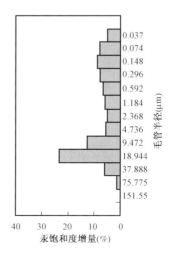

图 4-20　细砾岩毛管压力曲线及孔喉分布直方图

五、砂砾岩孔隙结构特征

砂砾岩颗粒分选差,以孔隙—压嵌型胶结为主,接触方式为点—线接触,孔隙以半充填粒间孔、粒间溶孔为主,发育界面裂缝,胶结物中溶孔已占重要地位,并发育线状孔隙;喉道类型以片状为主;孔喉分布不均匀,孔喉连通呈稀网络状,连通率65%～73%(图4-21—图4-25)。

图4-21　砂砾岩岩心照片

图4-22　砂砾岩大铸体照片($K = 128 \times 10^{-3} \mu m^2$)

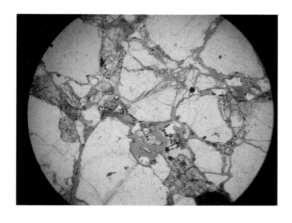

图4-23　砂砾岩铸体照片($D = 5.5mm$)

图4-24　砂砾岩扫描电镜照片

六、砂质砾岩孔隙结构特征

砂质砾岩颗粒分选差,以压嵌型胶结为主,接触方式为线接触,粒间多被黏土、云母等杂基充填;以半充填的粒间孔和粒间溶孔为主,发育微裂缝,孔喉分布不均匀,连通率30%左右(图4-26—图4-30)。

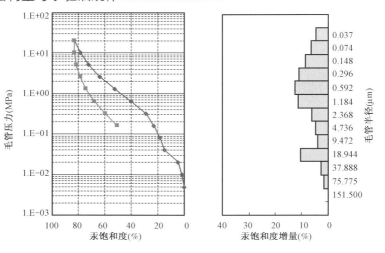

图 4 - 25　砂砾岩毛管压力曲线及孔喉分布直方图

图 4 - 26　砂质砾岩岩心照片

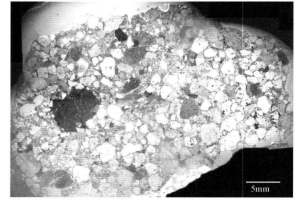

图 4 - 27　砂质砾岩大铸体照片($K = 37.5 \times 10^{-3} \mu m^2$)

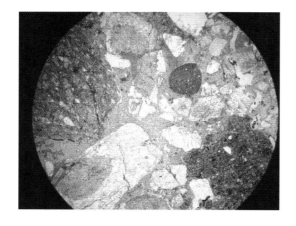

图 4 - 28　砂质砾岩铸体照片($D = 5.5 mm$)

图 4 - 29　砂质砾岩扫描电镜照片

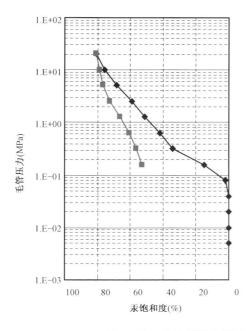
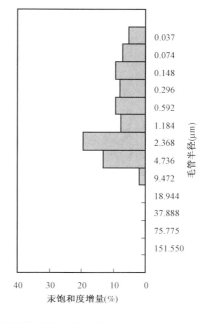

图 4 - 30　砂质砾岩毛管压力曲线及孔喉分布直方图

七、砾岩孔隙结构特征

砾岩颗粒分选极差,黏土矿物含量高,碳酸盐岩胶结物含量高,以压嵌型胶结为主,接触方式为线接触;粒间多被黏土杂基充填,孔隙发育差,局部发育粒间溶孔及粒内溶孔,局部可见少量微裂缝;喉道类型以弯曲片状为主,孔喉连通性差(图 4 - 31—图 4 - 35)。

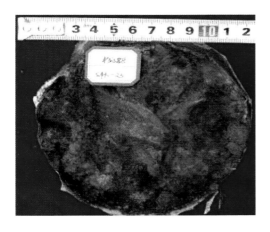
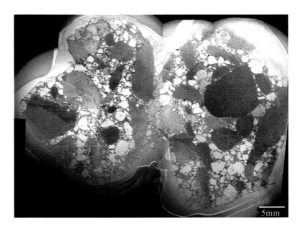

图 4 - 31　砾岩岩心照片　　　　图 4 - 32　砾岩大铸体照片($K = 0.16 \times 10^{-3} \mu m^2$)

八、泥质砾岩孔隙结构特征

泥质砾岩颗粒分选差,填隙物含量高,主要为粉砂和黏土;局部发育少量细小粒间溶孔及细小粒内溶孔;孔喉连通性很差(图 4 - 36—图 4 - 40)。

— 59 —

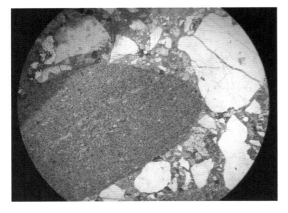

图 4 - 33　砾岩铸体照片（$D = 5.5\text{mm}$）

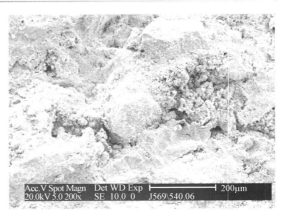

图 4 - 34　砾岩扫描电镜照片

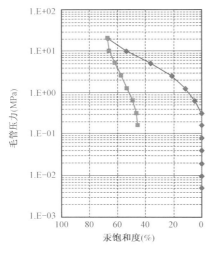

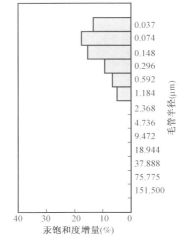

图 4 - 35　砾岩毛管压力曲线及孔喉分布直方图

图 4 - 36　泥质砾岩岩心照片

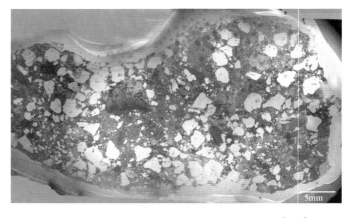

图 4 - 37　泥质砾岩大铸体照片（$K = 1.52 \times 10^{-3} \mu\text{m}^2$）

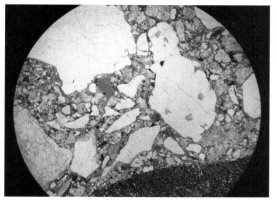

图 4-38　泥质砾岩铸体照片($D=5.5\text{mm}$)

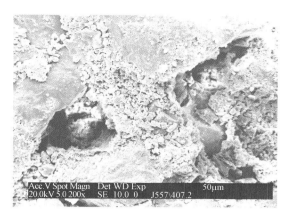

图 4-39　泥质砾岩扫描电镜照片

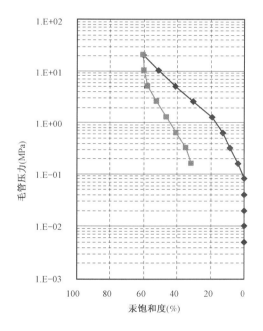

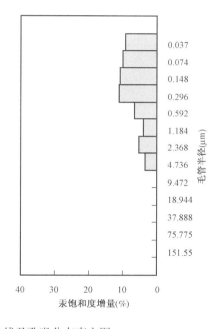

图 4-40　泥质砾岩毛管压力曲线及孔喉分布直方图

九、主要岩性微观孔隙结构特征对比分析

统计分析了几种主要岩性的物性分析资料和压汞分析资料(表 4-1),分析不同岩性微观孔隙结构特征。

① 含砾粗砂:偏粗歪度,孔喉大,排驱压力低,物性好。

② 粗砂岩:偏细歪度,孔喉较大,排驱压力较低,物性较好。

③ 砂砾岩:偏细歪度,孔喉中等,排驱压力中等,物性中等。

④ 砂质砾岩:偏细歪度,孔喉小,排驱压力较高,物性差。

⑤ 泥质砂岩:孔喉极细,排驱压力高,物性较差。

表 4-1　不同岩性微观孔隙结构特征

岩性		有效孔隙度（％）	渗透率（$10^{-3}\mu m^2$）	歪度	中值压力（MPa）	中值半径（μm）	排驱压力（MPa）	最大孔喉半径（μm）	孔喉体积比	平均毛管半径（μm）	非饱和孔隙体积分数（％）
粗砂岩	最小值	13.3	29.5	-0.88	1.05	0.20	0.03	5.11	0.65	1.09	4.96
	最大值	25.1	280.0	-0.20	3.62	0.70	0.14	25.50	1.79	6.89	22.28
	平均值	21.2	109.4	-0.47	2.21	0.39	0.06	14.81	1.14	2.98	13.86
含砾粗砂岩	最小值	14.00	91.30	-0.45	0.06	0.36	0.01	24.59	0.99	5.58	1.91
	最大值	30.10	5000.00	0.73	2.06	12.00	0.03	108.48	6.76	31.97	20.85
	平均值	22.37	1245.12	0.07	0.48	2.23	0.01	36.45	1.84	10.61	6.53
砂砾岩	最小值	7.60	0.07	-1.15	0.11	0.04	0.01	0.15	0.57	0.06	3.85
	最大值	26.00	1370.00	0.47	17.79	6.90	4.80	134.09	6.99	45.17	45.83
	平均值	16.73	55.74	-0.22	3.01	0.40	0.35	7.14	1.11	2.14	14.33
泥质砂岩	最小值	6.8	0.1	-1.35	2.38	0.05	0.06	0.35	0.98	0.10	10.28
	最大值	21.4	62.4	-0.19	15.85	0.31	2.10	12.6	4.24	2.56	45.03
	平均值	16.9	5.6	-0.77	9.31	0.11	1.04	2.38	1.87	0.52	26.83
砂质砾岩	最小值	3.90	0.04	-1.48	0.21	0.04	0.02	0.74	1.17	0.16	9.27
	最大值	21.60	494.00	0.45	16.91	3.47	1.00	40.99	6.47	15.29	53.82
	平均值	13.25	37.84	-0.28	3.22	0.32	0.29	5.85	1.64	1.78	19.45

第二节　不同构型单元渗流差异

不同岩石相储层具有不同的质量差异,不同构型单元是由不同岩石相组成的,因此,不同构型单元之间存在质量差异。

从取心井化验分析得到的不同构型单元孔隙度和渗透率(图 4-41、图 4-42、表 4-2)可以看出:不同构型单元间物性差异较大,其中辫流水道物性最好,渗透率总体上呈明显正韵律特征(图 4-43);砂砾坝顶部物性较好,渗透率总体上呈明显反韵律特征(图 4-44)。

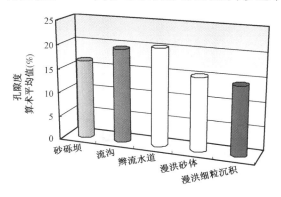

图 4-41　不同构型单元孔隙度直方图

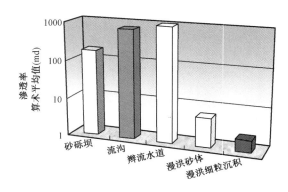

图 4-42　不同构型单元渗透率直方图

表 4 - 2　不同相带物性特征

构型单元	孔隙度（%）		渗透率（$10^{-3}\mu m^2$）	
	算术平均值（样品数）	最大值/最小值	算术平均值（样品数）	最大值/最小值
砂砾坝	16.5（54）	36.1/5.5	231.07（55）	2870/1.07
流沟	19.5（11）	22.8/14.0	726.43（12）	2940/40
辫流水道	20.3（121）	31.7/3.7	988.70（127）	5000/22.1
漫流砂体	15.2（31）	24.1/7.9	6.00（32）	25.4/0.313
漫洪细粒沉积	14.3（15）	21.8/7.6	2.08（16）	10.5/0.17

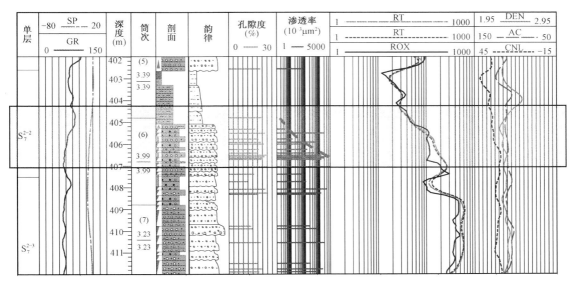

图 4 - 43　辫流水道韵律特征（检 586 井）

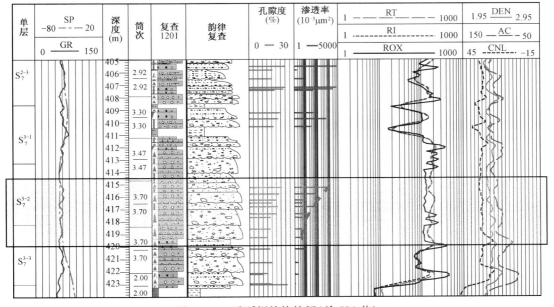

图 4 - 44　砂砾坝韵律特征（检 584 井）

第三节　储层非均质特征

一、储层平面非均质性特征

储层平面非均质性主要受控于沉积相,孔隙度、渗透率的平面变化具有一定的方向性。从 S_7^4 到 S_7^1 平面非均质增强。

S_7^1—S_7^{3-1} 内各小层以条带状砂体为主,辫流水道储层物性好,而漫流沉积的储层物性普遍较差。S_7^{3-2}—S_7^4 内部各小层砂体大多连片分布,除 S_7^4 小层物性相对较差外,其它层平面上物性变化不大。

中部 S_7^1—S_7^2 储层非均质性强的位置主要分布小面积井区,变异系数大于 1.5,突进系数高于 6.0,渗透率级差大于 400,六中中井区非均质性较弱(图 4 – 45)。

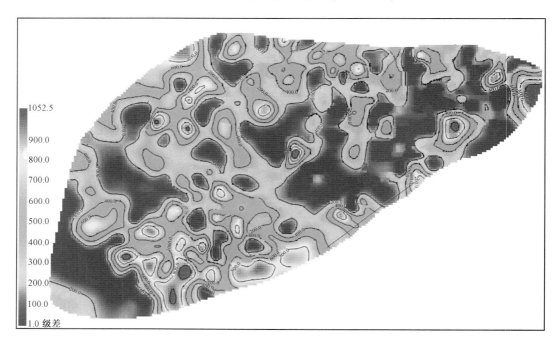

图 4 – 45　六中区 S_7^1—S_7^2 级差平面分布图

下部 S_7^3—S_7^4 储层非均质性较弱,大面积井区、小面积井区及六中北井区部分地区非均质性较强,其余井区非均质相对较弱(图 4 – 46)。

二、储层层间非均质性特征

1. 层间物性差异

14 口密闭取心井物性分析表明:六中区克下组 S_7^{2-3} 储层物性最好,克下组上部和下部物性均变差(表 4 – 3)。

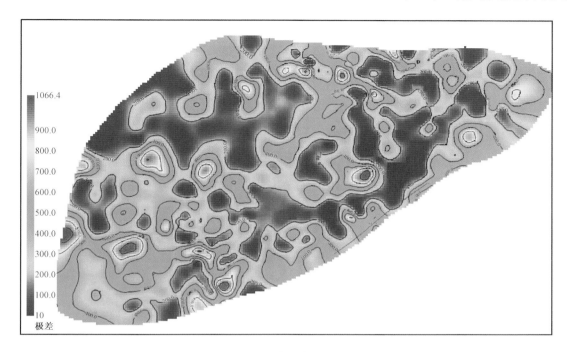

图 4 – 46　六中区 S_7^3—S_7^4 级差平面分布图

表 4 – 3　取心井物性

层　位	孔隙度(%)		渗透率(10^{-3} μm²)	
	算术平均值(样品数)	最小值/最大值	算术平均值(样品数)	最小值/最大值
S_6^3	19.3(4)	16.0/23.7	230.0(4)	1.1/862
S_7^1	18.4(21)	11.9/24.5	548.91(21)	0.1/4400
S_7^{2-1}	19.8(67)	6.8/30.1	452.95(67)	0.08/3660
S_7^{2-2}	19.1(70)	7.6/31.1	398.2(70)	0.1/5000
S_7^{2-3}	20.7(111)	10.1/27.1	1016.4(111)	0.2/3800
S_7^{3-1}	18.6(118)	8.3/28.0	496.5(118)	0.1/3470
S_7^{3-2}	17.9(60)	8.7/26.8	470(60)	0.1/3920
S_7^{3-3}	16.0(57)	6.5/24.0	233.3(57)	0.1/5000
S_7^4	14.5(62)	5.9/25.7	126.93(62)	0.04/3700

2. 隔层分布

从 S_7 砂层组各小层之间隔层分布直方图(图 4 – 47)可以看出:

(1) S_7 自下而上随着可容空间的增加,隔层厚度逐渐增大,稳定程度增高;

(2) 由于 S_7^4 小层处于一期旋回底部,可容空间低,冲刷作用明显,导致 S_7^{3-3} 与 S_7^4 隔层厚度薄,均值只有 1.2m,稳定程度低,为 28%;

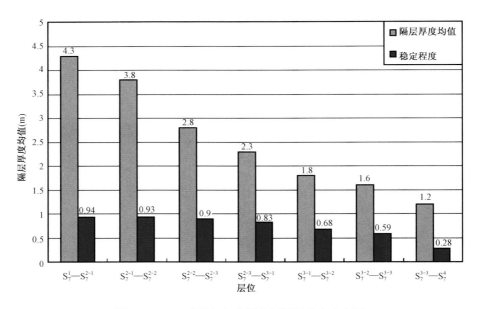

图 4 - 47　S_7 砂层组各小层之间隔层分布直方图

（3）其余隔层厚度均值大于 1.5m，稳定程度大于 50%。

S_7^{2-1}—S_7^{2-2} 隔层特征（图 4 - 48）：

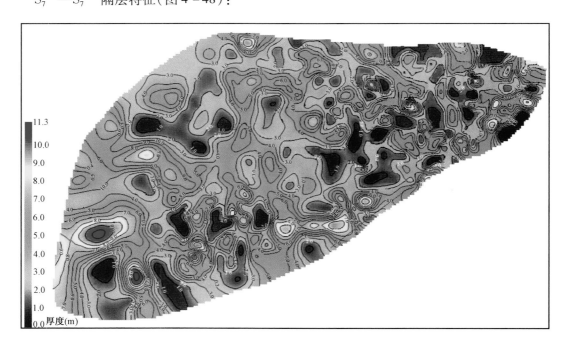

图 4 - 48　六中区 S_7^{2-1}—S_7^{2-2} 之间隔层平面分布图

（1）隔层厚度大，均值 3.8m；

（2）稳定程度高，达到 93%；

（3）可以起到阻渗的作用。

S_7^{2-3}—S_7^{3-1} 之间隔层（图 4 - 49）：

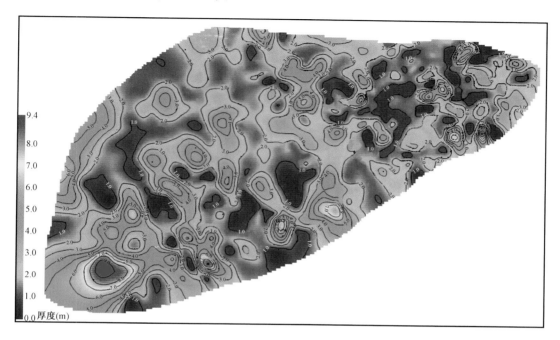

图 4 - 49　六中区 S_7^{2-3}—S_7^{3-1} 之间隔层平面分布图

（1）分布比较稳定而广泛；

（2）隔层厚度分布范围 0.2～9.3m，均值 2.3m；

（3）稳定程度达到 83%；

（4）由北东向南西方向，隔层变厚，质量变好。

S_7^{3-2}—S_7^{3-3} 隔层特征（图 4 - 50）：

（1）隔层厚度较薄，均值 1.6m；

（2）六中东和六中北地区隔层薄；

（3）稳定程度较低，为 59%；

（4）在局部地区由于河道冲刷导致出现串流现象，但在区域上仍不失阻渗作用。

三、储层层内非均质性特征

1. 层内物性差异

从各小层层内变异系数分布直方图（图 4 - 51）、各小层层内突进系数分布直方图（图 4 - 52）和各小层层内级差分布直方图（图 4 - 53）可以看出：

克下组各层的层内非均质性均很强，变异系数均大于 0.7，突进系数均大于 3，级差均大于 200。其中 S_6 砂组以及 S_7^4 小层层内非均质性较强，中部相对较弱。

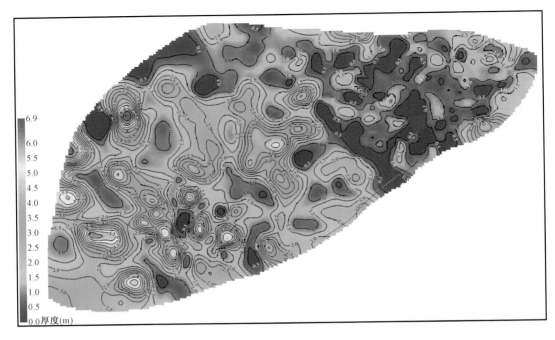

图4-50 六中区 S_7^{3-2}—S_7^{3-3} 之间隔层平面分布图

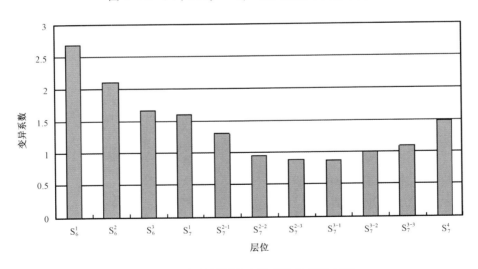

图4-51 各小层层内变异系数分布直方图

2. 夹层分布

层内夹层分布特征(图4-54):

(1) S_7^2、S_7^1 砂砾岩体之间夹层数少而薄,夹层平面延伸距离一般小于125m。

(2) S_7^4、S_7^3 砂砾岩体之间夹层比较发育,夹层平面延伸距离一般在125~250m。

(3)由下向上钙质夹层减少,泥质夹层增加;

(4)泥质夹层和流沟分布在韵律的顶部;在剖面上成交错分布特点;泥质夹层厚度和密度

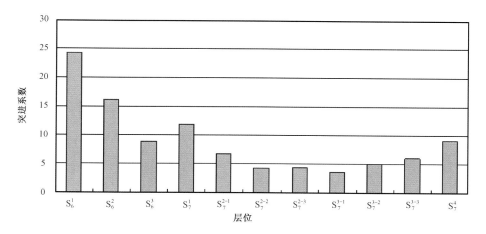

图 4 – 52　各小层层内突进系数分布直方图

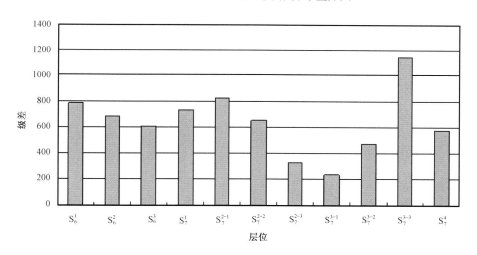

图 4 – 53　各小层层内级差分布直方图

从 S_7^4 向 S_7^{3-2} 逐渐增大（图 4 – 55）。

（5）钙质胶结致密段常见于韵律底部中砾岩和顶部流沟含砾粗砂岩中；钙质夹层厚度和密度从 S_7^4 向 S_7^{3-2} 逐渐减小（图 4 – 56）。

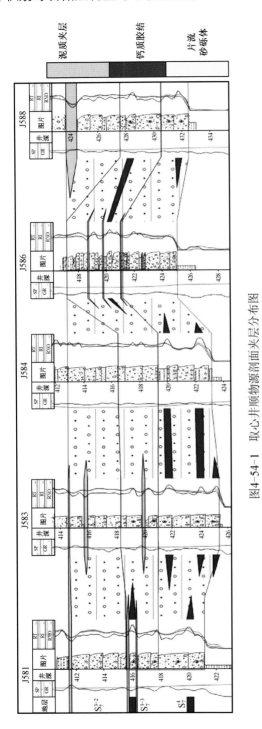

图4-54-1 取心井顺物源剖面夹层分布图

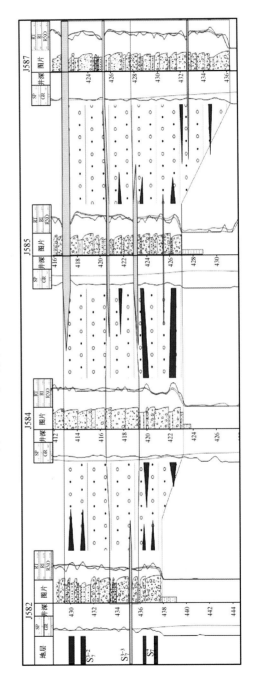

图4-54-2 取心井切物源剖面夹层分布图

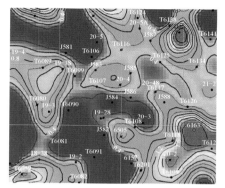

图4-55-1　S_7^{3-2}泥质夹层等厚图

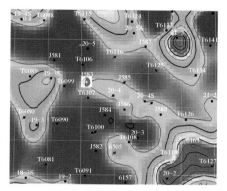

图4-55-2　S_7^{3-2}泥质夹层密度等值线图

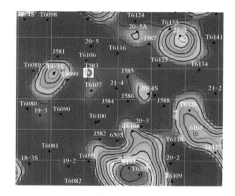

图4-55-3　S_7^{3-3}泥质夹层等厚图

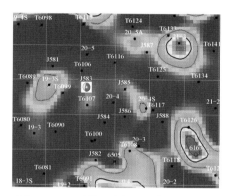

图4-55-4　S_7^{3-3}泥质夹层密度等值线图

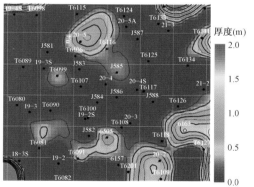

图4-55-5　S_7^4泥质夹层等厚图

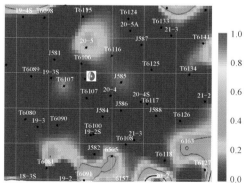

图4-55-6　S_7^4泥质夹层密度等值线图

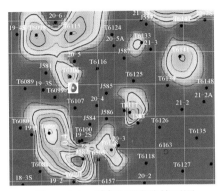

图4-56-1 S_7^{3-2}钙质胶结等厚图

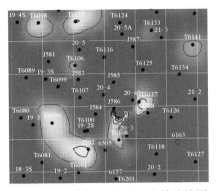

图4-56-2 S_7^{3-2}钙质胶结密度等值线图

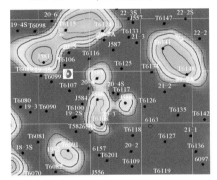

图4-56-3 S_7^{3-3}钙质胶结等厚图

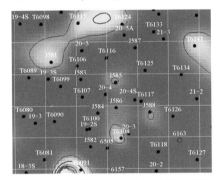

图4-56-4 S_7^{3-3}钙质胶结密度等值线图

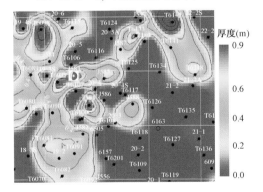

图4-56-5 S_7^4钙质胶结等厚图

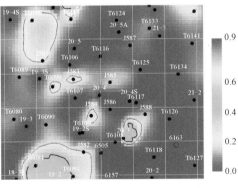

图4-56-6 S_7^4钙质胶结密度等值线图

第五章　影响水驱油效率因素分析

第一节　砾岩油藏水驱油特征

砾岩油藏水驱油的明显特征是无水采油期短,进入高含水期快,高含水期采收率仍可大幅度提高(图5-1)。

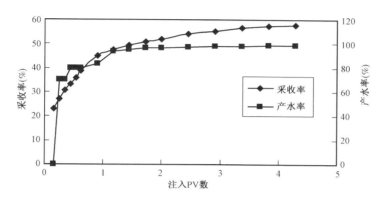

图5-1　典型水驱油试验

统计分析了78个样品的驱油效率,发现不同岩性中含砾粗砂岩采收率最高,不同构型单元中辫流水道采收率最高,不同层位中 S_7^{2-3} 和 S_7^{3-1} 采收率最高(表5-1—表5-3)。

表5-1　不同构型单元水驱油效率

采收率(%)	辫流水道	片流砂砾体	漫洪砂体	漫洪细粒沉积
最小值	26.48	46.85	33.96	33.27
最大值	75.63	67.12	58.00	56.47
中值	56.69	54.39	48.46	39.10
平均值	57.33	55.57	47.76	40.64

表5-2　不同岩性水驱油效率

采收率(%)	含砾粗砂岩	砂砾岩	中—细粒岩屑砂岩
最小值	40.50	26.48	33.27
最大值	75.63	70.83	40.50
中值	58.90	52.61	38.29
平均值	60.72	50.80	37.48

表5-3 不同层位水驱油效率

采收率(%)	S_7^{2-1}	S_7^{2-2}	S_7^{2-3}	S_7^{3-1}	S_7^{3-2}
最小值	33.96	33.27	26.48	37.84	38.67
最大值	68.44	69.16	75.63	72.88	67.12
中值	39.92	55.12	55.90	62.64	46.25
平均值	47.06	52.04	55.79	58.28	52.46

第二节 地质因素分析

一、孔隙结构对驱油效率影响

1. 利用核磁共振 T_2 谱研究储层孔隙结构

孔隙结构是指储层中的空间结构,包括孔隙大小和分布、孔隙和喉道的连通关系、孔隙的几何形态和微观非均质特征、孔隙中黏土矿物成分及产状等[48]。储层的微观孔隙结构特征控制和影响流体在孔隙性岩石中流动分布、渗流特征、驱油效率[49—51]。

毛管压力与毛管半径之间关系为[52]:

$$P_c = \frac{2\sigma\cos\theta}{r_c} \tag{5-1}$$

其中 P_c——毛管压力,MPa;

σ——流体界面张力,mN/cm²;

θ——润湿接触角;

r_c——毛管半径,μm。

对汞来说,$\sigma = 49.44\,\text{mN/cm}^2$,$\theta = 140°$,带入上式,略去负号,则有:

$$P_c = \frac{0.735}{r_c} \tag{5-2}$$

由核磁共振弛豫机理可知,在均匀磁场中测量的岩石横向弛豫时间 T_2 为[53]:

$$\frac{1}{T_2} = \frac{1}{T_{2B}} + \rho_2\left(\frac{S}{V}\right) \tag{5-3}$$

其中 T_{2B}——流体的体积(自由)弛豫时间,ms;

S——孔隙表面积;

V——孔隙体积;

ρ_2——岩石横向表面弛豫率。

由于:$T_{2B} \gg T_2$

$$\frac{1}{T_2} \approx \rho_2\left(\frac{S}{V}\right) \tag{5-4}$$

S/V 为孔隙比面；

T_2 大小由岩性 ρ_2 和孔隙比面所决定。

$$\frac{S}{V} = \frac{F_s}{r_c} \tag{5-5}$$

F_s 为孔隙形状因子。

$$r_c = \rho_2 F_s T_2 \tag{5-6}$$

$$r_c = CT_2 \tag{5-7}$$

确定合适的转化系数，就可以通过 T_2 谱计算孔隙分布（图 5-2—图 5-4）。

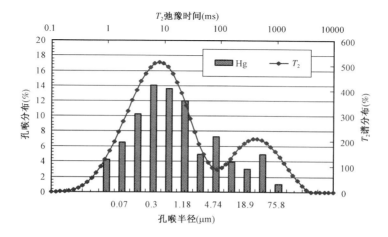

图 5-2　T_2 谱与压汞毛管分布关系

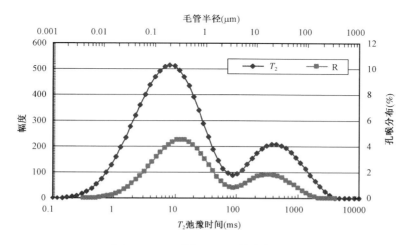

图 5-3　T_2 谱与压汞毛管分布关系

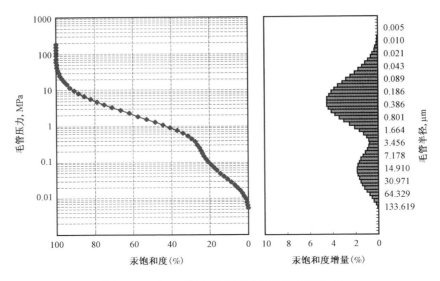

图 5 - 4　由 T_2 谱计算的压汞曲线及毛管分布

2. 微观孔隙结构与驱油效率

利用该区近几年的 14 口密闭取心井分析的 120 个储集层岩样压汞资料,根据反映孔隙结构特征的 16 项参数的优选,确定了 10 项参数:孔隙度、渗透率、均值、偏态、排驱压力、饱和度中值半径、最大孔喉半径、平均毛管半径、视孔喉体积比和非饱和汞孔隙体积百分数,采用 K—means 聚类分析方法[54—56]将砾岩储层孔隙结构分为四大类(表 5 - 4)。

表 5 - 4　克拉玛油田六中区砾岩储层孔隙结构分类特征表

类别	孔隙度（%）	渗透率（$10^{-3}\mu m^2$）	均值	偏态	排驱压力（MPa）	饱和度中值半径（μm）	最大孔喉半径（μm）	平均毛管半径（μm）	视孔喉体积比	非饱和汞体积百分数（%）
I	> 20	> 600	< 7	> 0.4	= 0.02	> 3	> 35	> 10	> 2.0	< 5
II	> 16	> 600	7 ~ 9	0.2 ~ 0.5	= 0.02	1 ~ 6	> 30	10 ~ 15	1.6 ~ 3.0	5 ~ 20
III	17 ~ 24	50 ~ 600	9 ~ 12	0.2 ~ -0.2	0.02 ~ 0.13	0.3 ~ 3.5	18 ~ 50	1.5 ~ 20	1.2 ~ 3.3	5 ~ 15
IV	< 17	< 50	> 10.7	< -0.2	> 0.13	0.06 ~ 0.38	< 18	< 1.5	1.1 ~ 2.2	> 20

(1)Ⅰ类储层孔隙结构与驱油效率。

Ⅰ类储层孔隙度大于 20%,渗透率大于 $600 \times 10^{-3} \mu m^2$,为高孔高渗储层,大孔中喉孔隙结构。岩性以含砾粗砂岩和细砾岩为主,颗粒分选相对较好,黏土矿物含量小于 5%,碳酸盐岩胶结物含量小于 1%,孔隙式胶结,接触方式为点状接触,胶结疏松。孔隙类型以未被充填或半充填的粒间孔为主,孔喉分布相对均匀,偏粗歪度。喉道类型以缩颈状为主,有效主流喉道直径大于 $3\mu m$,孔喉配位数 3 ~ 5,孔喉连通呈网状,连通率达 70% 以上(图 5 - 5—图 5 - 10)。

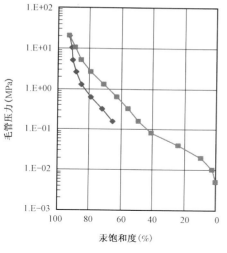

图 5-5　Ⅰ类储层压汞曲线

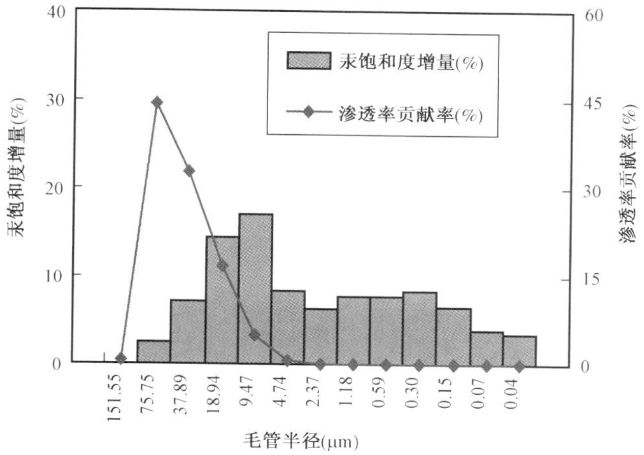

图 5-6　Ⅰ类储层孔隙分布

(粒间孔和粒内溶孔发育，连通性好，填隙物
含量低，J569井，563.13m，长边1.8mm)

图 5-7　Ⅰ类储层铸体薄片

(粒间孔连通性好，填隙物含量低
J569井，563.13m)

图 5-8　Ⅰ类储层排描电镜照片

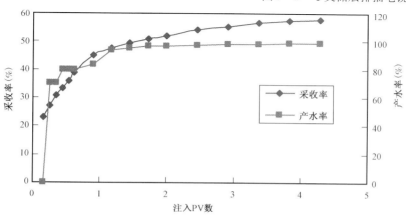

图 5-9　典型Ⅰ类储层驱油效率

(渗透率1106×10⁻³μm²,J569井,563.13m,驱油效率51.48%)

图 5 – 10　Ⅰ类高孔高渗储层大铸体薄片(水驱油后纵切)

　　Ⅰ类储层孔喉大,分布相对均匀,连通性好,水驱时可以形成网状渗流通道,水驱波及系数相对较高,水驱油效率最高,平均为61%。

　　(2)Ⅱ类储层孔隙结构与驱油效率。

　　Ⅱ类储层孔隙度大于16%,渗透率大于 $600 \times 10^{-3} \mu m^2$,为中大孔中细喉孔隙结构,岩性以砂砾岩为主。颗粒分选差,以孔隙—压嵌型胶结为主,接触方式为点—线接触。孔隙以半充填粒间孔为主,发育界面裂缝,孔喉分布不均匀,局部发育大孔道。喉道类型以片状为主,孔喉配位数 1 ~ 3,有效主流喉道直径 2 ~ 3μm(图 5 – 11—图 5 – 16)。

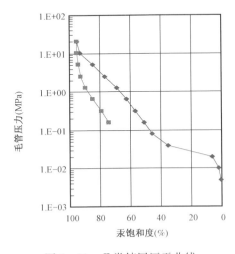

图 5 – 11　Ⅱ类储层压汞曲线

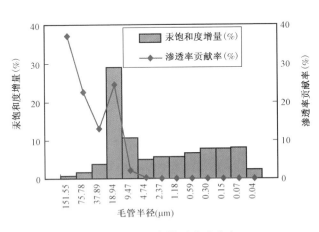

图 5 – 12　Ⅱ类储层孔隙分布

　　Ⅱ类储层孔喉分布不均匀,局部发育大孔道,并存在微裂缝,水驱油过程中水窜严重,含水上升很快,导致驱油效率较低,平均为42%。

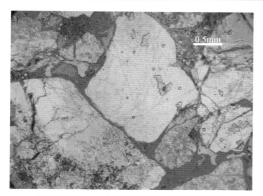

(粒间孔发育,水云母冲洗殆尽,局微裂缝发育,
孔缝连通性好,J568井,503.87m)

图5-13 Ⅱ类储层铸体薄片

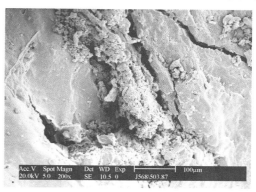

(局部见微裂缝,粒间充填晶型差的杂基,
孔缝连通性好,J568井,503.87m)

图5-14 Ⅱ类储层排描电镜照片

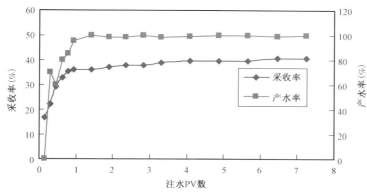

图5-15 典型Ⅱ类储层驱油效率

图5-16 Ⅱ类储层大铸体薄片(水驱油后纵切)

(3)Ⅲ类储层孔隙结构与驱油效率。

Ⅲ类储层孔隙度17%~24%,渗透率$50 \times 10^{-3} \sim 600 \times 10^{-3} \mu m^2$,为中孔、中渗储层,中孔

中细喉孔隙结构。岩性以粗砂岩、含砾不等粒砂岩为主,颗粒分选中等,以孔隙—压嵌型胶结为主,接触方式为点—线接触。以半充填粒间孔为主,孔喉分布相对均匀,偏细歪度,连通性好,有效主流喉道直径0.6~2μm(图5-17—图5-22)。

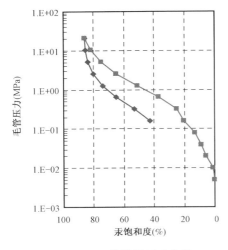

图5-17　Ⅲ类储层压汞曲线

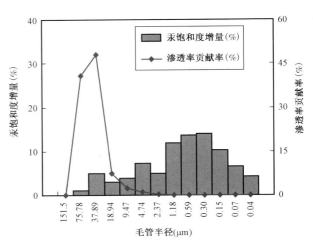

图5-18　Ⅲ类储层孔隙分布

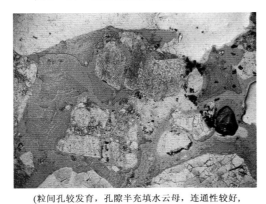

(粒间孔较发育,孔隙半充填水云母,连通性较好,
J569井,560.83m,长边1.8mm)

图5-19　Ⅲ类储层铸体薄片

(粒间孔较发育,填隙物含量低,J569井,560.83m)

图5-20　Ⅲ类储层排描电镜照片

中孔、中渗储层为中孔中细喉孔隙结构,孔吼分布相对均匀,偏细歪度。水驱时可以形成稀网状渗流通道,水驱波及系数相对较高,水驱油效率高,平均50%。剩余油富集于小孔道及盲孔。

(4)Ⅳ类储层孔隙结构与驱油效率。

Ⅳ类储层孔隙度小于17%,渗透率小于$50 \times 10^{-3} \mu m^2$,为低孔低渗储层,细孔细喉孔隙结构。岩性以砂质砾岩、泥质砾岩、泥质砂岩为主,颗粒基本未分选,黏土矿物含量大于10%,碳酸盐岩胶结物含量高,以压嵌型胶结为主,接触方式为线接触。孔喉发育极差,次生孔隙和微裂缝发育。喉道类型以弯曲片状为主,孔喉配位数0~2,有效主流喉道直径小于0.6μm,连通率30%(图5-23—图5-28)。

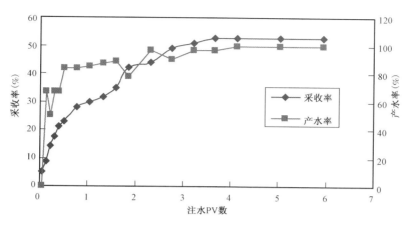

图 5 - 21　典型Ⅲ类储层驱油效率

图 5 - 22　Ⅲ类大铸体薄片(水驱油后纵切)

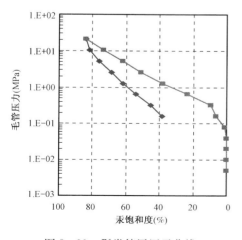

图 5 - 23　Ⅳ类储层压汞曲线

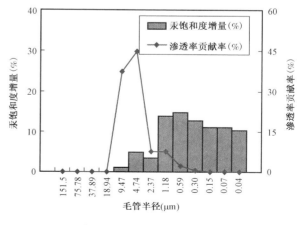

图 5 - 24　Ⅳ类储层孔隙分布

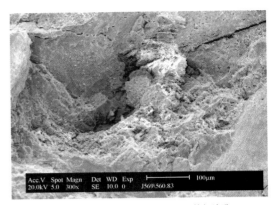

(孔隙发育差，仅局部可见粒内溶孔、粒间溶孔，偶见微裂隙，
粒间为水云母充填，J569井，560.83m，长边4.5mm)

(孔隙发育差，仅局部见粒内溶孔、粒间溶孔，
J569井，560.83m)

图 5 – 25　Ⅳ类储层铸体薄片

图 5 – 26　Ⅳ类储层排描电镜照片

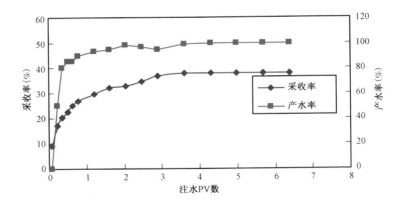

图 5 – 27　典型Ⅳ类储层驱油效率

图 5 – 28　Ⅳ类储层大铸体薄片（水驱油后纵切）

Ⅳ类储层孔道主要为细长状孔道,连通性差,小孔道由于启动压力高,注入水很难进入,注入水只能进入渗流阻力相对较小的较大孔道中,只能形成极少的渗流通道,因此水驱波及效率低,驱油效率很低,平均为35%。

3. 孔隙结构参数与驱油效率关系

通过对比12对压汞和水驱油平行样品,发现孔隙结构参数与驱油效率关系[57—61]如下(图5－29—图5－32):

① 驱油效率随着平均毛管半径的增大而增大;

② 驱油效率随着最大孔喉半径的增大而增大;

③ 驱油效率随着非饱和汞体积分数增大而减小;

④ 驱油效率随着孔喉体积比增大而增大。

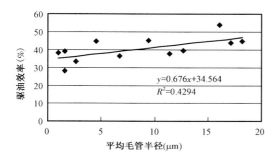

图 5－29　驱油效率与平均毛管半径关系

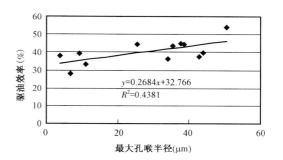

图 5－30　驱油效率与最大孔喉半径关系

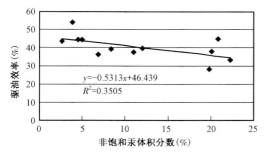

图 5－31　驱油效率与非饱和汞体积分数关系

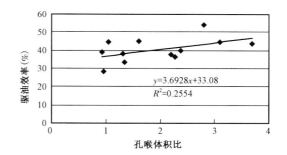

图 5－32　驱油效率与孔喉体积比关系

二、润湿性影响

润湿性是控制油藏中流体分布和流体流动的一个主要因素,它强烈影响着储层毛管力、流体相对渗透率、水驱油动态及水驱油效率[62—69]。

为了在微观孔隙水平研究砾岩油藏水驱油机理,利用岩心切片照片制作透明仿真模型[29,70,71],进行了模拟驱替实验研究。微观仿真模型是一种透明的二维模型,它采用光化学刻蚀技术,按天然岩心的铸体切片的真实孔隙系统精密地光刻到平面玻璃上制成,微观模型的流动网络,在结构上具有储层岩石孔隙系统的真实标配,相似的几何形状和形态分布。

用光刻法将砾岩岩心铸体薄片上的孔隙网络复制下来,再经过制版、涂胶、光成像、化学刻蚀和烧结成型等步,制成微观仿真透明孔隙模型。模型尺寸为 62mm × 62mm × 3.0mm,平面上

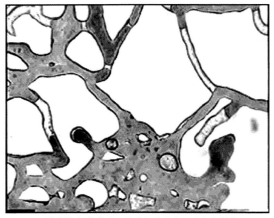

（黄褐色部分为油，浅色部分为水，油水包围的
更浅色部分是岩石颗粒）

图 5 - 33　亲水模型束缚水分布

有效尺寸为 45mm × 32mm，模型孔隙直径
0.1 ~ 100μm。模型为五点井网的四分之
一，在对角线处分别打一小孔，作为注入井
和采出井。实验中使用了亲水和弱亲油两
种模型，模型制成时为亲水的，将 0.008%
二甲基二氯硅烷苯溶液注入模型中，放置
24 小时，可将亲水模型变为弱亲油模型。

1. 亲水模型水驱油过程及机理研究

（1）亲水模型束缚水的形态和分布。

从图 5 - 33 可以看出，亲水模型的束
缚水形态主要有：

① 岩石颗粒表面的水膜；

② 小孔隙中和孔隙颈部的不规则

水柱；

③ 盲端；

④ 孔隙的交汇口有一些小水珠。

（2）亲水模型水驱油动态。

亲水模型水驱油过程见图 5 - 34—图 5 - 39。

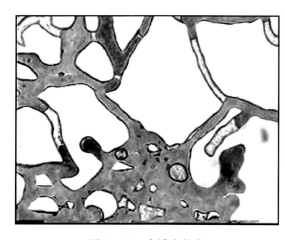

图 5 - 34　束缚水状态

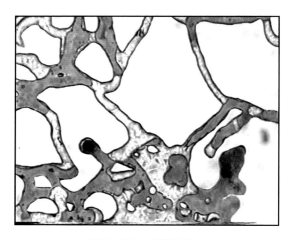

图 5 - 35　水驱状态 1

在水驱油过程中，由于孔隙结构及润湿性的不同，注入水在进入孔隙时表现出不同的渗流
机理。从图 5 - 34—图 5 - 39 可看出，在孔隙介质亲水性较强的条件下，注入水进入孔隙喉道
时，沿着岩石表面"爬行"进入，注入水前缘为一个凹形面。在较小的孔隙和喉道内，注入水能
很快地充满孔隙空间，并相应地驱出原先存在于这些孔隙内的油；而对于相对较大的孔隙则有
两种可能，一种是和小孔隙的情况一样，水的进入驱出孔隙内的部分油，另一种情况则是当孔
壁上已经铺满较厚的水膜，进入孔隙的水完全沿着这些水膜向前推进而进入下一个孔隙，这样
就在孔隙的中心部分存留下一部分油而成为残余油。

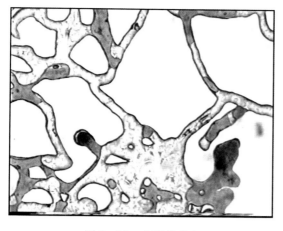

图 5 - 36　水驱状态 2

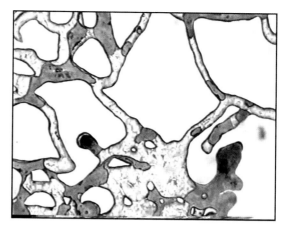

图 5 - 37　水驱状态 3

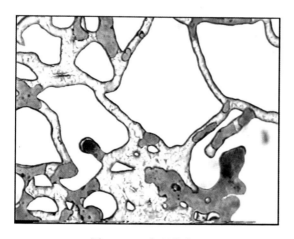

图 5 - 38　水驱状态 4

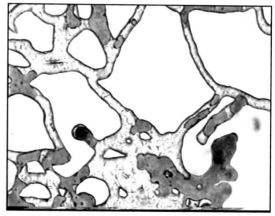

图 5 - 39　残余油状态

（3）亲水模型残余油的形态和分布。

从图 5 - 40 中可以看到,在亲水模型中残余油主要以油珠、油柱、油丝和盲端的小油块等形态分布于喉道中、孔隙的交汇口或被小孔隙包围的较大孔隙内。由于砾岩模型孔隙结构的不均匀性,在图的右下方还形成了岛型的残余油分布。

2. 弱亲油模型水驱油过程及机理研究

（1）弱亲油模型束缚水的形态和分布。

从图 5 - 41 中可以看到,在亲油模型中束缚水的分布形态主要有:

① 弯曲的或伸直的条带状水带;

② 油中间的小水珠;

③ 包含一两颗小岩粒的水环;

④ 盲端中被油包围的水柱。

它们的共同点是束缚水的外围边缘不与岩粒表面直接接触,而总是隔着一层油膜。

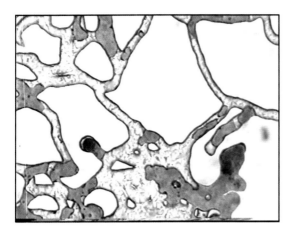

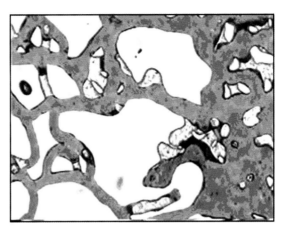

图5-40　亲水模型残余油状态　　　　　　　　　图5-41　弱亲油束缚水状态

（2）弱亲油模型水驱油水驱油动态。

从图5-42—图5-47看到，在弱亲油孔隙介质里，注入水进入孔隙时是在孔隙的中心部位突入，入孔之后也是在孔的轴心部位突进，并同时在孔壁的表面形成一层油膜，这层油膜的厚度与岩石表面亲油性有明显的关系，但几乎所有的孔壁上都存在，这种现象可称为"突入"机理。这种机理的原因是由于水是亲油壁面的非润湿相，而油是润湿相的缘故。如果孔隙喉道很小，即使"油膜"很薄，也会充满孔隙，这样水就很难进入到孔隙中，这些孔隙内的油在水驱油时也会留在孔隙之中，成为残余油。

另外在弱亲油砾岩孔隙介质中，发现注入水指进现象，即注入水沿着一条阻力最小的孔隙通道长驱直入，深入插进若干含油孔隙群体组成的含油区域。在图5-45中也可以看到指进现象，水从右下方沿着对角线方向的大喉道指进，造成左下方小喉道中的残余油较多。

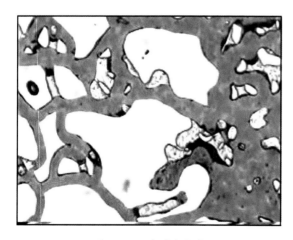

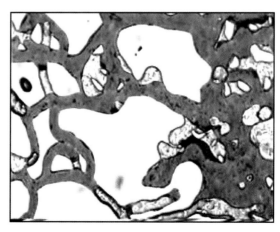

图5-42　束缚水状态　　　　　　　　　　　　图5-43　水驱状态1

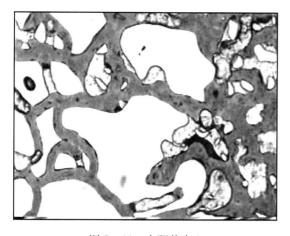

图 5 - 44　水驱状态 2

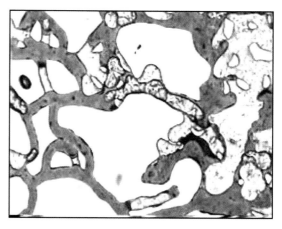

图 5 - 45　水驱状态 3

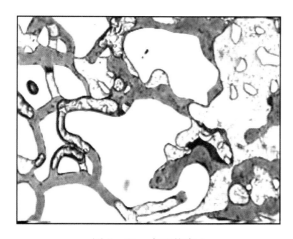

图 5 - 46　水驱状态 4

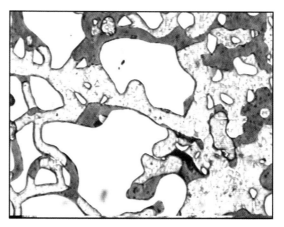

图 5 - 47　残余油状态

（3）弱亲油模型残余油的形态和分布。

图 5 - 48 两张图片展示了亲油孔隙介质中残余油分布状态,首先残余油以油膜的形态普遍地分布于岩粒壁面;其次,滞留于较小孔隙的一段中,也有油丝形态的残余油;另外由于砾岩介质的严重非均质性,孔隙结构的复杂性,细长的小孔道、盲端、流向垂直的孔道中和局部的死油区较多,其中的剩余油都比较多。大的含油孔隙被周围的许多含油小孔隙包围,形成了大块的残余油。这种残余油形成的原因就是亲油孔隙介质中的小孔包围大孔机理。

3. 润湿性对驱油效率影响

在油气开采过程中,油藏润湿性会影响油水在多孔介质中的分布和流动状态,也会影响驱油效率。

典型不同润湿性样品（见表 5 - 5）水驱油效率见图 5 - 49—图 5 - 51。

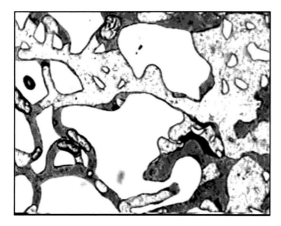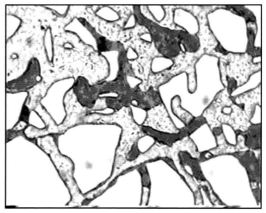

图 5 - 48　弱亲油模型水驱残余油的分布

表 5 - 5　水驱油平行岩样润湿性

井号	深度（m）	岩性	自吸水排油量（cm³）	水驱油量（cm³）	自吸油排水量（cm³）	油驱水量（cm³）	水润湿指数	油润湿指数	相对润湿指数	润湿性评定
J584	406.90	含砾粗砂岩	0.00	2.85	0.60	0.70	0.00	0.46	-0.46	亲油
J583	389.12	含砾粗砂岩	0.00	1.60	1.10	0.00	0.00	0.00	0.00	中性
J586	407.74	含砾粗砂岩	0.00	0.50	0.00	0.30	0.167	0.00	0.167	弱亲水

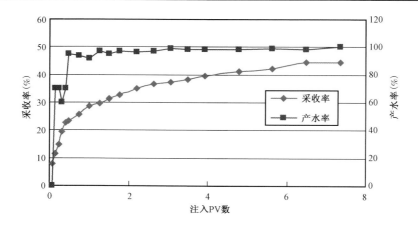

图 5 - 49　典型亲油岩样水驱油曲线（J584 井,406.90m）

分析不同润湿性储层水驱油效率可以看出:

① 在相同的 PV 数下,水湿性储层驱油效率最高,其次中性润湿储层,亲油储层驱油效率较低。

② 亲油性储层含水上升最快,但在中高含水期采收率仍有较大幅度提高;亲水性储层含水上升最慢。

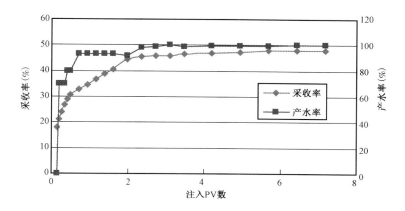

图 5-50　典型中性岩样水驱油曲线(J583 井,389.120m)

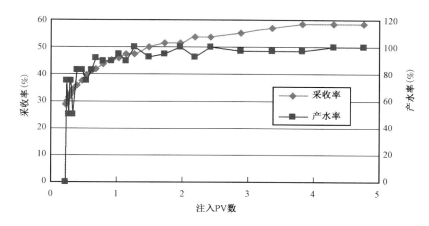

图 5-51　典型弱亲水岩样水驱油曲线(J586 井,407.74m)

三、储层非均质性影响

1. 层内非均质性影响

2#岩心颗粒分选差,下部填隙物含量低,孔喉分布相对较均匀,上部为填隙物含量高分选差的相对低渗带。由于非均质性强,导致驱油效率低,为 43.5%。

15#岩心颗粒分选中等,颗粒呈棱角状,孔喉分布均匀,连通性好,驱油效率高,为 66.1%。

可见层内非均质性越强,采收率越低(图 5-52 和图 5-53)。

2. 层间非均质性影响

六中区克下组储层,层间渗透率变异系数为 0.63 ~ 3.52,平均 1.64;突进系数 1.9 ~ 24.1,平均 9.1;级差 11.28 ~ 1385.4,平均 750.1,层间非均质强,这对于注水开发具有很大的影响。

(1)并联岩心水驱油实验。

利用六中区克下组三块不同渗透率岩心进行并联水驱油实验,研究不同渗透率岩心的启动压力和采收率情况(图 5-54)。

图 5 – 52　2#岩心大铸体薄片(渗透率 $105 \times 10^{-3} \mu m^2$)

图 5 – 53　15#岩心大铸体薄片(渗透率 $46 \times 10^{-3} \mu m^2$)

实验步骤:

① 清洗岩心、抽真空,注入饱和地层水(表 5 – 6);

② 地面油分别驱替岩心中的地层水,建立束缚水饱和度;

③ 采用同一压力对并联岩心进行地层水驱油实验,压力由小到大逐级提高,获取每块岩心的启动压差;

④ 待低渗岩心启动后采用一个合适的压差进行水驱油实验,待低渗岩心含水率大于98%时结束并联岩心实验;

⑤ 再采用一个较小的压差分别对驱替后的岩心进行水驱实验,研究单块岩心的最终采收率。

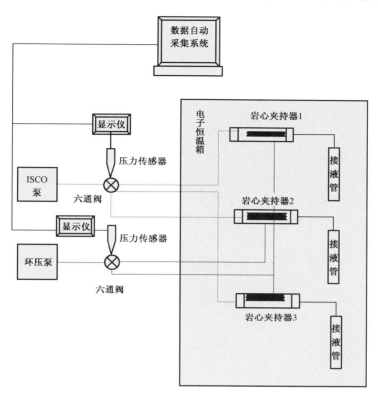

图 5 - 54 三块岩心并联驱替试验装置示意图

表 5 - 6 岩心基本参数表

井号	深度 （m）	长度 （m）	直径 （cm）	渗透率 （$10^{-3}\mu m^2$）	孔隙体积 （mL）	束缚水饱和度 （%）
J583	401.9	6.850	2.53	640	3.9004	18.7
J583	400.28	4.614	2.52	22	3.8543	25.3
J569	547.28	5.864	2.41	283	4.2775	20.7

实验结果及分析：

采用同一压力对并联岩心进行地层水驱油实验，压力由小到大逐级提高，获取每块岩心的启动压差。待低渗岩心启动后采用一个合适的压差进行水驱油实验，实验结果如表 5 - 7 所示。

表 5 - 7 三岩心并联岩心试验结果

岩心	启动压力 （MPa）	启动压力梯度 （MPa/cm）	并联驱油效率 （%）	并联驱替体积 （mL）	最终驱油效率 （%）
高渗	0.014	0.0028	64.17	724.7	66.59
中渗	0.028	0.0061	50.12	234.0	54.78
低渗	0.221	0.0377	20.03	15.8	35.52

从表 5 - 7 可以看出：

① 三块不同渗透率的岩心并联水驱实验中，低渗透岩心启动压力最大，为 0.221MPa，中渗透和高渗透岩心启动压差较小，分别为 0.014MPa 和 0.028MPa。可见要启动低渗透率岩心是较困难的。

② 采用三块岩心并联进行水驱油实验，地层水首先沿高渗岩心快速突破，由于考虑低渗透岩心启动，所以实验中采用驱替压差对于高、中渗岩心来说偏大一些，导致高、中渗岩心快速见水和高、中渗岩心驱替倍数较大，而低渗岩心驱替倍数较小。

③ 并联实验结束时，高渗岩心驱替体积为 724.7mL，采收率为 64.17%；中渗岩心驱替体积为 234.0mL，采收率为 50.12%；低渗岩心驱替体积为 15.8mL，采收率为 20.03%；可见在实验过程中，高、中岩心驱替体积大，采收率高，低渗驱替体积很小，采收率低。

④ 并联结束后，采用合适的驱替速度对单块岩心继续进行水驱油实验，结果表明：高渗岩心最终采收率为 66.59%，比并联岩心提高了 2.42%；中渗岩心最终采收率为 54.78%，比并联岩心提高了 4.66%；低渗岩心最终采收率为 35.52%，比并联岩心提高了 15.49%。可见在并联实验结束后，高渗岩心提高采收率的幅度最小，低渗透率有较大的采收率提升。

（2）渗透率级差对储层水驱油效率的影响。

储层宏观非均质性很强，渗透率级差很大，在这样的条件下，渗透率级差如何影响水驱效率，高渗层和低渗层是如何动用的，针对这样的问题进行实验研究。选择两块渗透率不同的岩心模拟储层的非均质性进行并联水驱油实验。

实验在较低的速度下进行并联水驱油实验，在低速水驱结束后，即含水达到 100%，提高驱替速度继续进行水驱实验，方法与单岩心类似，研究非均质储层的水驱油规律及速度对水驱油效率的影响。实验共进行六组，选择不同的渗透率级差，具体实验岩心数据见表 5 - 8。

表 5 - 8　并联水驱油试验岩心基本情况

序号	渗透率级差	平均渗透率 ($10^{-3}\mu m^2$)	井号	岩心号	孔隙度 （%）	渗透率 （$10^{-3}\mu m^2$）
第一组	5.397	2.5	J588	KrQR - 13	16.06	4.258
				KrQR - 12	13.44	0.792
第二组	4.595	12.1	J583	KrQR - 4	21.82	19.89
				KrQR - 8	13.93	4.33
第三组	1.868	41.6	J588	KrQR - 3	22.36	54.22
				6 - 14/16	18.70	29.03
第四组	1.040	121.2	ES7008	15 - 3/10	15.51	123.59
				10 - 17/19（2）	13.41	118.85
第五组	9.713	7.5	T7216	13 - 24/30（2）	18.14	13.55
				16 - 23/26（2）	20.66	1.40
第六组	32.951	71.4	T7216	1 - 22/30（2）	16.88	138.53
				9 - 1/22（2）	15.11	4.20

研究发现不同渗透率级差的岩心、平均渗透率不同的实验其规律都有不同,无水期采出程度、高含水时刻采出程度、低速采出程度、最终采出程度实验结果见表5－9。

表5－9　非均质储层并联模拟实验结果

序号	气测渗透率级差	平均渗透率（$10^{-3}\mu m^2$）	无水期采出程度（%）			高含水时刻采出程度（%）			低速采出程度（%）			最终采出程度（%）		
			高渗岩心	低渗岩心	并联岩心	高渗岩心	低渗岩心	并联岩心	高渗岩心	低渗岩心	并联岩心	高渗岩心	低渗岩心	并联岩心
第四组	1.040	121.2	2.00	2.00	2.00	16.86	20.59	17.90	52.47	50.74	51.67	52.80	51.22	52.07
第三组	1.868	41.6	9.90	14.9	10.12	29.04	17.56	14.87	46.84	29.34	39.11	53.15	38.79	45.76
第二组	4.595	12.1	30.80	16.47	12.34	37.22	31.23	27.06	42.08	25.40	35.22	43.48	49.30	46.80
第一组	5.379	2.5	12.60	24.20	11.40	18.98	33.91	28.30	58.07	21.18	39.05	61.06	39.43	49.90
第五组	9.713	7.5	3.14	12.55	1.49	28.43	23.32	13.45	41.97	26.65	33.90	50.21	46.14	48.07
第六组	32.951	71.4	5.67	10.81	3.15	7.67	10.81	4.26	51.07	10.81	33.18	51.07	10.81	33.18

整理无水期采出程度、高含水时采出程度、低速采出程度与渗透率级差和平均渗透率的关系,并绘制柱状图(图5－55、图5－56),与均质储层相比非均质储层的无水期驱油效率更低,进入高含水时刻更早,高含水期采出程度更大。水驱油规律明显受渗透率级差(宏观非均质性)与平均渗透率(微观非均质性)双重影响。渗透率级差越小最终采出程度越高,平均渗透率越大,高含水期采出程度越大。

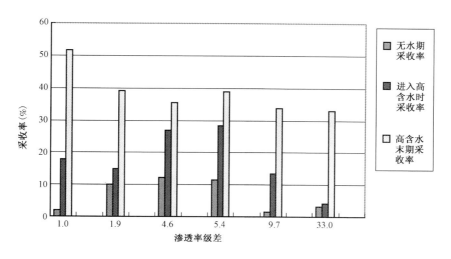

图5－55　采收率与渗透率级差关系

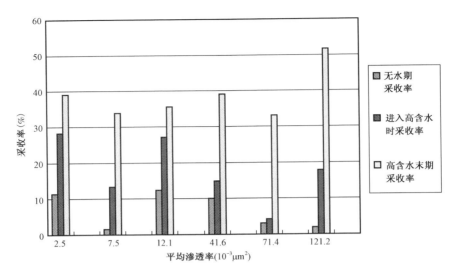

图 5 - 56　采收率与平均渗透率关系

水驱采收率受渗透率级差与平均渗透率双重影响。渗透率级差越小最终采出程度越高，平均渗透率越大，最终采出程度越大。高渗透层注入体积明显大于低渗透层，相对驱油效率较高，但低渗层仍有较多的油被采出时，高渗储层已进入高含水期。

如图 5 - 57 渗透率级差 30 倍以上的储层低渗层很难被动用，含水率为 0，而高渗层已经进入开发末期，开发潜力已经很小，在这样的情况下，不能通过提高速度或注入倍数的办法来提高低渗层的动用程度，可以模拟储层的调堵措施，关闭高渗层，低渗层迅速被动用，注水很快见效，水驱效率也大幅度提高（图 5 - 58）。

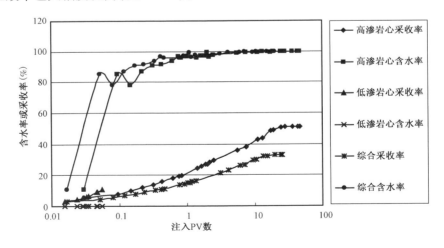

图 5 - 57　第六组并联岩心水驱油试验

为了研究非均质储层不同层的水推进速度和动用情况，整理低速驱替最终时刻水推进速度比、无水期低渗层动用百分比、进入高含水时低渗层动用百分比、低速最终低渗层动用百分

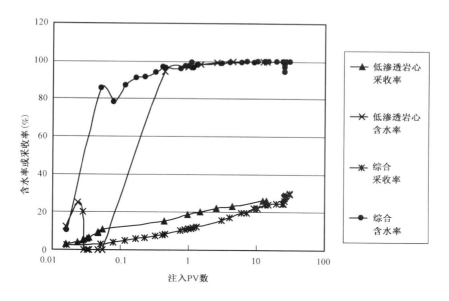

图 5 - 58　第六组实验关闭高渗层后水驱特征曲线

比、高速最终低渗层动用百分比和渗透率级差的关系,并绘制柱状图(图 5 - 59),发现非均质储层的渗透率级差越大,水推进速度比就越大,并随着渗透率的增加,水推进速度比增加的速度更快,渗透率级差在 5 倍以内,水推速度比在 10 倍以内,渗透率级差在 10 倍左右时,水推速度比在 30 倍左右,渗透率级差达到 30 倍时,水推速度比达到 320 倍,这表明随着渗透率级差的增加,低渗层被注入水波及越困难,渗透率级差在 5 倍以内,低渗层基本上可以被波及,渗透率级差在 10 倍左右时,低渗层波及变的很困难,渗透率级差达到 30 倍时,低渗层基本上很难被波及到,在这样大的渗透率级差下,通常应采取一定的措施,比如进行调堵(表 5 - 10)。

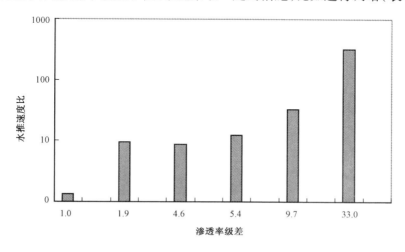

图 5 - 59　渗透率极差与水推速度的关系图

表 5 – 10　非均质储层不同层的水推进速度和动用情况

序号	气测渗透率级差	低速最终时刻水推进速度比	无水期低渗层动用百分比（%）	进入高含水时低渗层动用百分比（%）	低速最终低渗层动用百分比（%）	高速最终低渗层动用百分比（%）
第四组	1.040	1.34	50.00	54.98	49.16	49.24
第三组	1.868	9.61	59.59	37.68	38.51	42.19
第二组	4.595	8.76	34.84	45.63	37.64	53.14
第一组	5.379	12.22	65.76	64.11	26.73	39.24
第五组	9.713	32.51	79.97	45.06	38.84	47.89
第六组	32.951	320.56	65.59	58.50	17.47	17.47

　　整理并做渗透率级差与低渗层动用百分比来研究低渗储层的动用情况（图 5 – 60），结果表明渗透率级差越大，低渗层的水推进速度越低，低渗层的无水期采出程度越大，无水期动用百分比越高，但由于低渗层的水推进速度较慢，因此渗透率级差越大，低渗层的动用百分比越低，从 50% 的动用百分比到不足 20%，对于渗透率级差小于 10 的储层来说，提高诸如速度或提高注入 PV 数可以适当提高低渗层的动用百分比，可以使动用百分比达到 40%，但对于渗透率级差在 30 倍以上的非均质储层，由于水推进速度差别过大，提高速度或加大 PV 数对提高低渗层的动用程度已经很不现实了，因为注入速度和注入压力存在一定的对应关系，提高注入速度渗透率较低的岩心随注入速度的增加，压力上升较快。提高注入速度会加剧水窜。

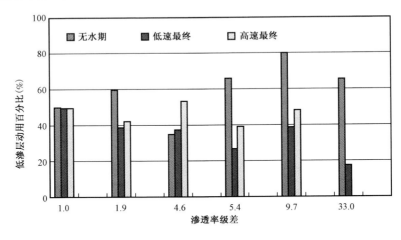

图 5 – 60　不同渗透率级差不同时刻低渗透储层动用百分比

3. 现场分注试验效果

　　由于各层注采比严重不匹配，层间矛盾十分突出，为提高小层动用程度，防止层间水淹水窜，完成了 61 口水井分注作业，其中两级三层分注 11 口，一级两层分注 50 口。分注取得了较好的效果（表 5 – 11）。

表 5 - 11　典型井分注见效情况

油井井号	见效前					见效后					累积增油(t)
	工作制度	生产天数(d)	日产液(t)	日产油(t)	含水(%)	工作制度	生产天数(d)	日产液(t)	日产油(t)	含水(%)	
T6068	小皮带轮	31	10.2	2	80	小皮带轮	31	11.9	3.6	70	2869
T6180	38/1.8/5	30	9.7	2.1	78	38/1.8/5	31	10.1	5.9	42	479
平均			9.95	2.1	79			11	4.8	56	

4. 现场调驱试验效果

2007 年 10 月—2008 年 1 月在六中东南部隔层发育较差、分注效果不明显、油井含水较高的 4 个井组进行连片调剖,单井日注量 35 ~ 60m³,累积注入量 1215 ~ 1450m³。

(1)油井见效快、见效率高。

2007 年 10 月实施调剖措施 1 月后相关 9 口油井中 7 口先后不同程度见效,见效率达 77.8%,平均日产液由 12.1t 升至 13.4t,日产油由 1.7t 升至最高时 3.7t,含水由 86.1% 降为 68.6%,截至 2008 年 6 月累积增产 2135t(之后受 6 月后水井配钻影响效果不明显)。

见效井根据见效特点可分三类:

第一类见效井(图 5 - 61)主要见效特征表现为:液量稳定、含水下降(2 口,占见效井的 28.6%)。

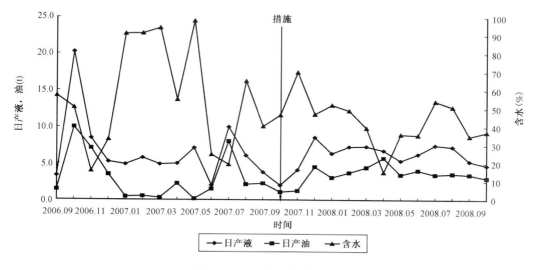

图 5 - 61　T6216 井见效曲线

第二类见效井(图 5 - 62)主要见效特征表现为:液量下降、含水下降(4 口,占见效井的 57.1%)。

第三类见效井(图 5 - 63)主要见效特征表现为:液量上升、含水略降(1 口,占见效井的 14.3%)。

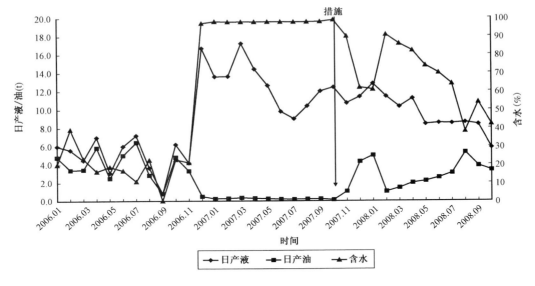

图 5 - 62　21 - 2A 井见效曲线

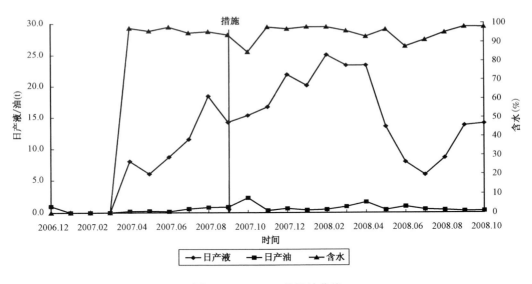

图 5 - 63　T6128 井见效曲线

（2）水井吸水剖面得到明显改善。

通过 4 井组调剖前后剖面动用状况（图 5 - 64 和图 5 - 65）对比变化可以看出：通过调剖使高渗层吸水量降低，非主力层开始吸水得到动用，调剖使得吸水剖面得到改善。

四、流体性质影响

六中区克下组储层原油黏度平面分布不均匀。在开采过程中，由于溶解气的脱出，注入水携带的氧气、微量的金属元素和各种细菌进入地层，与原油中的烃类发生氧化反应和生物化学反应，使地层原油的黏度和密度都增大[76—80]（图 5 - 66 和图 5 - 67）。

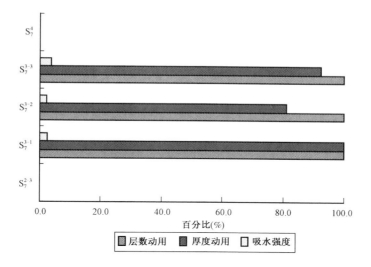

图 5 – 64　井组 4 调剖前剖面动用状况图

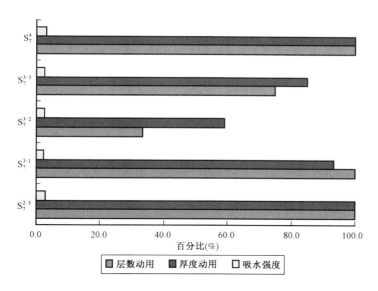

图 5 – 65　井组 4 调剖后剖面动用状况图

利用室内实验评价不同原油黏度对水驱油效率,为保证实验结果具有可对比性,选择岩心渗透率基本相等的三组岩心,原油和煤油混合调配到实验所需要黏度(表 5 – 12)。

表 5 – 12　不同黏度条件下驱油实验结果

岩心号	渗透率($10^{-3}\mu m^2$)	原油黏度(mPa·s)	驱油速率(mL/min)	最终驱油效率(%)
44 – 3	636	50	0.125	74.21
50 – 1	628	110	0.125	65.78
46 – 1	703	200	0.125	56.59

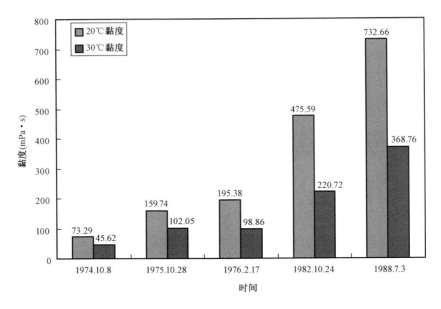

图 5 - 66　21 - 4 井水驱开采过程中原油黏度变化

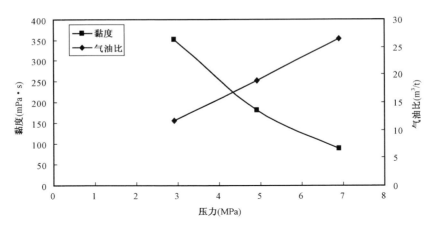

图 5 - 67　6064 井 PVT 分析

从试验结果可以看出:原油黏度越高水驱油效率越低,原油黏度越高含水上升越快(图 5 - 68 和图 5 - 69)。现场开发效果也表明:原油性质对水驱开发效果影响较大,原油黏度越高,水驱开发效果越差(表 5 - 13)。

表 5 - 13　大面积区分区水驱开发效果

区块	20℃原油黏度(mPa·s)			累积产油 (10⁴t)	累积注水 (10⁴m³)	采出程度 (%)
	最小	最大	平均			
高黏、低采出区	7352.7	57284.0	30359.6	3.9	2.8	5.2
低黏、高采出区	178.5	15588.4	3954.1	12.0	86.1	20.7

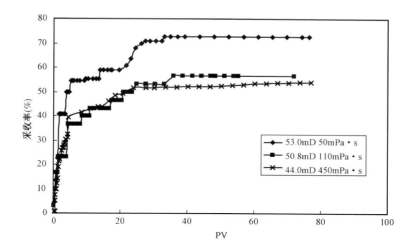

图 5 - 68 原油黏度对驱油效率影响

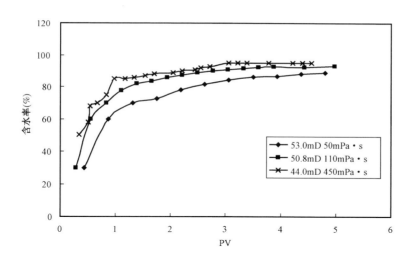

图 5 - 69 原油黏度对含水率影响

五、沉积韵律对采收率影响

1. 实验目的与实验步骤

利用六中区克下组储层多个不同渗透率的岩心块在纵向上进行不同组合,建立描述韵律非均质性的物理模型,然后进行水驱实验。实验采用的驱替速度为 0.063mL/min,0.125mL/min,0.25mL/min,研究正、反韵律对水驱油效率的影响(图 5 - 70 和图 5 - 71)。

两种韵律模型岩心排列和物性参数见表 5 - 14。

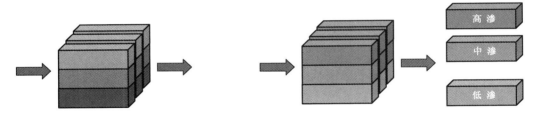

图5-70　反韵律模型　　　　　　　　　图5-71　正韵律模型

表5-14　模型中岩心的具体分布

反韵律模型岩心排序			反韵律模型岩心渗透率($10^{-3}\mu m^2$)		
10	11	12	1521	1442	1463
13	14	15	971	948	946
16	17	18	545	534	557
正韵律模型岩心排序			正韵律模型岩心渗透率($10^{-3}\mu m^2$)		
16	17	18	545	534	557
13	14	15	971	948	946
10	11	12	1521	1442	1463

实验步骤为① 建立正韵律模型和反韵律模型;② 配制地层流体,清洗岩心、抽真空,注入饱和地层水;③ 地面油驱替岩心中的地层水,建立束缚水饱和度;④ 地层油驱替岩心里的地面油,建立地层条件;⑤ 采用一个驱替速度进行地层水驱油实验;⑥ 采用岩心称重的方式来获取实验完成后的剩余油分布情况。⑦ 重复①—⑥,研究其他驱替速度下的水驱油效率及剩余油分布情况。

表5-15　实验中岩心饱和地层水和油参数(地下体积)

序号	实验速度 (mL/min)	孔隙体积 (cm³)	地层油体积 (mL)	束缚水体积 (mL)	束缚水饱和度 (%)	备注
1	0.063	118.956	86.838	32.118	27	反韵律模型
2	0.125	119.462	86.849	32.613	27.3	反韵律模型
3	0.250	119.615	86.840	32.775	27.4	反韵律模型
4	0.063	119.122	86.840	32.282	27.1	正韵律模型
5	0.125	119.275	86.832	32.443	27.2	正韵律模型
6	0.250	119.448	86.839	32.609	27.3	正韵律模型

由表5-15可见,每次实验饱和的地层水量基本相同,每次实验饱和的地层油量相近,与长岩心驱替采出的油加用石油醚洗出的残余油的总和基本接近。说明饱和地层水、饱和地层原油过程正确,实验具有重复性,建立的束缚水饱和度是可信的。

2. 实验结果

(1)反韵律模型实验结果(表5-16和表5-17,图5-72和图5-73)。

表 5 - 16 反韵律模型不同驱替速度下的实验数据

注入体积 (PV)	实验压差(MPa)			驱油效率(%)			含水率(%)		
	0.063 mL/min	0.125 mL/min	0.25 mL/min	0.063 mL/min	0.125 mL/min	0.25 mL/min	0.063 mL/min	0.125 mL/min	0.25 mL/min
0.1	0.51	0.79	1.54	9.14	8.91	8.92	36.78	38.35	38.09
0.2	0.39	0.66	1.43	13.92	13.48	13.53	67.36	68.78	68.55
0.3	0.35	0.59	1.35	17.62	16.91	16.93	74.81	76.67	76.85
0.4	0.31	0.55	1.25	20.83	19.78	19.78	78.14	80.46	80.59
0.5	0.29	0.52	1.17	23.58	22.26	22.20	81.25	83.11	83.53
0.6	0.27	0.50	1.11	25.92	24.45	24.29	84.09	85.20	85.85
0.7	0.25	0.48	1.06	27.89	26.33	26.07	86.65	87.21	87.94
0.8	0.24	0.46	1.00	29.53	27.97	27.57	88.89	88.82	89.83
0.9	0.23	0.45	0.97	30.93	29.44	28.87	90.51	90.05	91.17
1	0.23	0.45	0.95	32.17	30.76	30.06	91.59	91.09	91.91
2	0.19	0.39	0.83	40.02	39.00	38.48	94.68	94.42	94.30
3	0.18	0.36	0.74	44.28	43.36	43.30	97.12	97.06	96.74
4	0.17	0.34	0.68	47.00	46.09	46.21	98.16	98.15	98.03
5	0.16	0.33	0.65	48.85	48.05	48.14	98.75	98.68	98.70
6	0.15	0.32	0.63	50.24	49.54	49.61	99.06	99.00	99.00
7	0.15	0.31	0.60	51.35	50.71	50.80	99.25	99.21	99.20
8	0.15	0.31	0.59	52.31	51.69	51.78	99.35	99.34	99.34
9	0.14	0.30	0.57	53.18	52.55	52.61	99.41	99.42	99.44
10	0.14	0.30	0.56	53.98	53.43	53.35	99.46	99.48	99.50

表 5 - 17 反韵律模型剩余油分布

岩心排列			岩心渗透率($10^{-3}\mu m^2$)			剩余油饱和度(%)			驱油效率(%)		
10	11	12	1521	1442	1463	26.7	26.4	27.5	63.42	63.84	62.33
13	14	15	971	948	946	35.6	35.7	35.5	51.23	51.10	51.37
16	17	18	545	534	557	39.8	38.7	39.9	45.48	46.99	45.34

该数据为驱替速度 0.25mL/min 的剩余油分布。

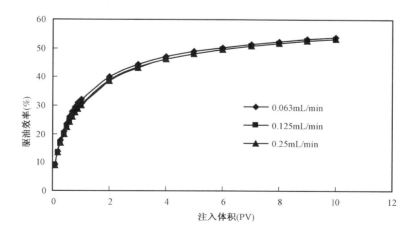

图 5 - 72 水驱油效率随注入体积变化曲线(反韵律)

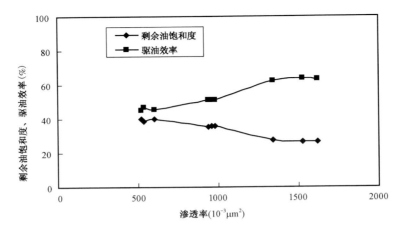

图 5－73　不同渗透率岩心的剩余油饱和度、驱油效率曲线（反韵律）

（2）正韵律模型实验结果（表 5－18 和表 5－19，图 5－74 和图 5－75）。

表 5－18　正韵律模型不同驱替速度下的实验数据

注入体积（PV）	实验压差（MPa）			水驱油效率（%）			含水率（%）		
	0.063 mL/min	0.125 mL/min	0.25 mL/min	0.063 mL/min	0.125 mL/min	0.25 mL/min	0.063 mL/min	0.125 mL/min	0.25 mL/min
0.1	0.40	0.82	1.52	8.37	7.87	8.77	39.72	41.25	38.63
0.2	0.38	0.77	1.45	12.93	12.65	13.31	68.93	67.84	68.97
0.3	0.34	0.67	1.35	16.23	16.14	16.73	77.09	76.42	76.75
0.4	0.31	0.62	1.24	18.64	18.73	19.19	82.82	82.13	82.88
0.5	0.28	0.58	1.17	20.64	20.84	21.27	85.75	85.20	85.59
0.6	0.27	0.55	1.11	22.27	22.58	22.99	88.42	87.80	88.04
0.7	0.26	0.52	1.06	23.68	24.08	24.50	90.17	89.45	89.54
0.8	0.25	0.50	1.02	24.90	25.41	25.82	91.50	90.76	90.90
0.9	0.24	0.48	0.98	26.02	26.64	27.05	92.29	91.55	91.65
1	0.23	0.47	0.95	27.03	27.76	28.15	93.08	92.31	92.45
2	0.21	0.41	0.83	34.00	35.34	35.69	95.25	94.85	94.86
3	0.18	0.36	0.74	38.55	39.84	40.19	96.93	96.96	96.95
4	0.17	0.33	0.68	42.00	43.07	43.32	97.69	97.83	97.89
5	0.16	0.32	0.64	44.72	45.57	45.69	98.17	98.31	98.40
6	0.15	0.31	0.62	46.96	47.59	47.55	98.49	98.64	98.75
7	0.15	0.30	0.60	48.79	49.23	49.06	98.77	98.89	98.98
8	0.14	0.29	0.59	50.31	50.60	50.34	98.98	99.08	99.14
9	0.14	0.28	0.57	51.62	51.74	51.44	99.11	99.23	99.26
10	0.14	0.28	0.56	52.79	52.70	51.94	99.21	99.35	99.66

表 5 – 19　正韵律模型剩余油分布

岩心排序			岩心渗透率($10^{-3}\mu m^2$)			剩余油饱和度			驱油效率(%)		
16	17	18	545	534	557	0.413	0.397	0.414	43.42	45.62	43.29
13	14	15	971	948	946	0.359	0.355	0.357	50.82	51.37	51.15
10	11	12	1521	1442	1463	0.253	0.251	0.256	65.34	65.62	64.93

该数据为驱替速度 0.25mL/min 的剩余油分布。

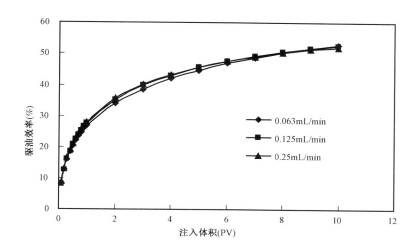

图 5 – 74　水驱油效率随注入体积变化曲线(正韵律)

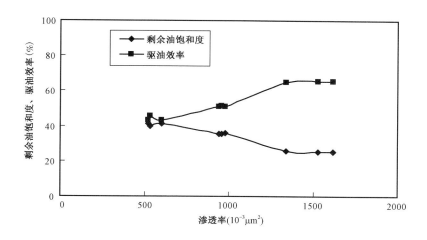

图 5 – 75　不同渗透率岩心的剩余油饱和度、驱油效率曲线(正韵律)

3. 实验结果分析

(1)随着驱替速度的增加,正韵律和反韵律两种组合的水驱油效率均有所下降。

(2)相同速度下,反韵律模型水驱油效率略高于正韵律模型。这是因为在水驱油过程中,水会沿着高渗通道快速通过岩心,但由于重力作用,水会一定程度上向底部的中低渗岩心渗流,驱替中低渗岩心中的原油。正韵律模型高渗岩心成了水渗流的主要通道,绝大部分水都沿着高渗岩心通过,中低渗岩心的波及效率较低,最后造成总的水驱效率较低。

(3)从剩余油饱和度分布可以看出:正反韵律模型中,高渗岩心的驱油效率大于中渗岩心的驱油效率,更大于低渗岩心的驱油效率。

(4)正韵律和反韵律两种组合大约有45% ~ 57%可采采收程度是在含水率大于90%时产出的,可见含水率大于90%时,依然有很大的生产潜力。

4. 层内非均质性数值模拟

(1)模型的基本参数。

为了进一步研究平面层内非均质性对水驱油效率的影响,本次研究进行该模型的水驱油模拟研究,模型尺寸和排列与实际岩心模型相同,模型如图5 – 76和图5 – 77所示。网格(X × Y × Z)12 × 6 × 6。在模型入口端加一口注入井,生产端加一口生产井。

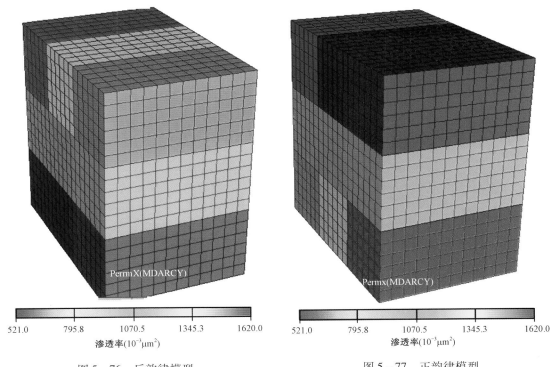

图5 – 76　反韵律模型　　　　　　　　　图5 – 77　正韵律模型

(2)反韵律模型数值模拟。

模拟注入速度为0.063mL/min,模拟结果见图5 – 78—图5 – 81。

(3)正韵律模型数值模拟。

模拟注入速度为0.063mL/min,模拟结果见图5 – 82—图5 – 85。

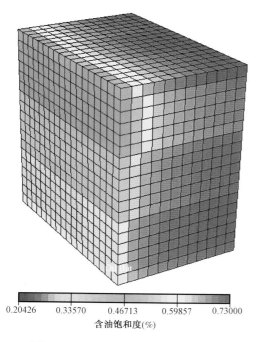

0.20426   0.33570   0.46713   0.59857   0.73000

含油饱和度(%)

图 5 - 78　0.1PV 时含油饱和度分布

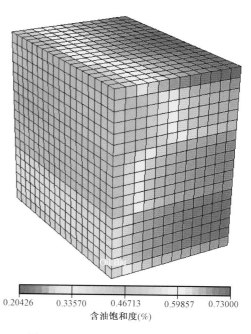

0.20426   0.33570   0.46713   0.59857   0.73000

含油饱和度(%)

图 5 - 79　0.2PV 时含油饱和度分布

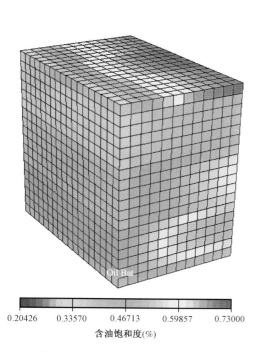

0.20426   0.33570   0.46713   0.59857   0.73000

含油饱和度(%)

图 5 - 80　1PV 时含油饱和度分布

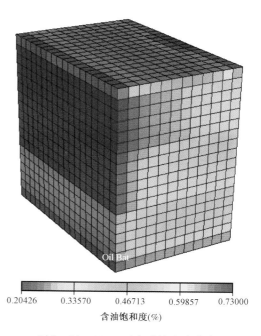

0.20426   0.33570   0.46713   0.59857   0.73000

含油饱和度(%)

图 5 - 81　10PV 时含油饱和度分布

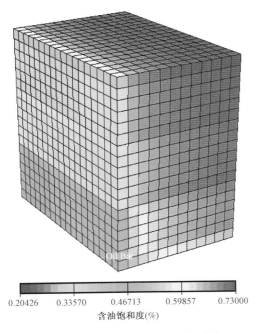

含油饱和度(%)

图 5 - 82　0.1PV 时含油饱和度分布

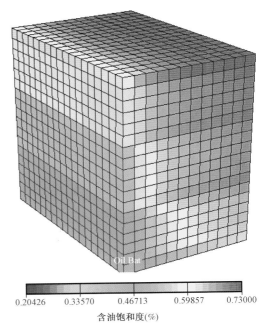

含油饱和度(%)

图 5 - 83　0.2PV 时含油饱和度分布

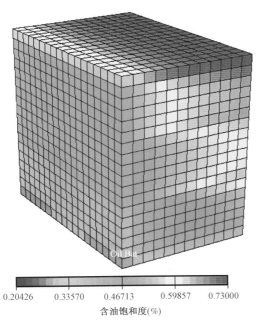

含油饱和度(%)

图 5 - 84　1PV 时含油饱和度分布

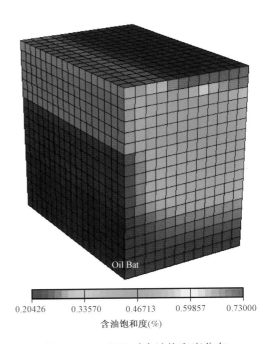

含油饱和度(%)

图 5 - 85　10PV 时含油饱和度分布

（4）模拟结果分析。

通过上面模拟结果图可以看出：

① 正反韵律组合的水驱前缘表明，模型前端的水驱效率明显高于末端，主要是驱替倍数差异造成的。高渗岩心的驱油效率好于中低渗岩心。在驱替过程中，高渗成为主要的渗流通道，总的驱替流量中大部分从高渗通过。因此，对于这类储层可采用调剖的方式加以开采，提高水驱的波及效率，提高低渗储层的水驱效果。

② 反韵律模型水推进比正韵律模型均匀。

5. 饱和度分析沉积韵律驱油效率

近期取心表明：储层沉积韵律主要为正韵律，厚度 0.5～1m。底部为砂砾岩，中部为砂质细砾岩，顶部为含砾粗砂岩。物性为反韵律，上部岩性较细，储层条件好，渗流能力强。由于高渗段位于顶部，在驱动力作用下注入水首先沿着高渗段推进，随着含水饱和度增加，注入水自身重力使水质点下沉，同时毛管力也有使水质点向下部推移的作用，因而减缓了上部水线的推进速度和水洗程度，水驱厚度逐渐扩大，韵律内注水全面推进，层内水洗均匀，驱油效率差异小（图 5 - 86）。

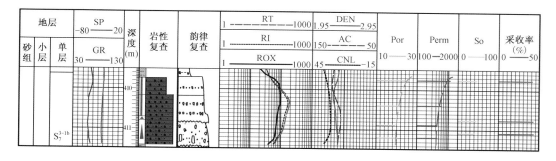

图 5 - 86　沉积韵律对驱油效率影响

第三节　开发因素分析

一、驱替速度影响

1. 不同驱替速度对短岩心驱油效率影响

同一个岩心不同速度对水驱油的影响（图 5 - 87）可以看出：驱替速度越高，无水采收率越低，进入高含水阶段越早，在相同 PV 下，驱替速度越高采出程度越低。

2. 不同驱替速度对长岩心驱油效率影响

长岩心驱替实验是研究较大尺度更趋近于油藏实际的大型开发机理实验，该实验包含的地质信息丰富，能产生常规岩心实验无法产生的稳定流、完全模拟地层的高压力、高温度条件等原始地层条件，并能够模拟地层条件下油、气、水三相流动，因此是模拟整个储层的水驱油规律的有效手段。其中长岩心驱替试验装置的具体结构如图 5 - 88 所示。

（1）长岩心排列顺序。

对于长岩心驱替，如果要采用 1m 左右的天然岩心作驱替实验，从取心技术来讲是不可行

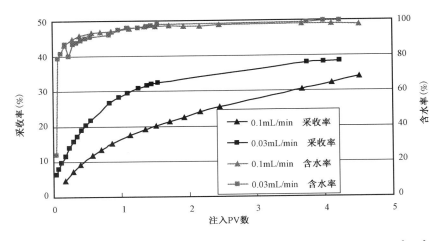

图 5 - 87　不同速度对水驱油的影响(同一岩心)(J588 井,渗透率 $5.6 \times 10^{-3} \mu m^2$)

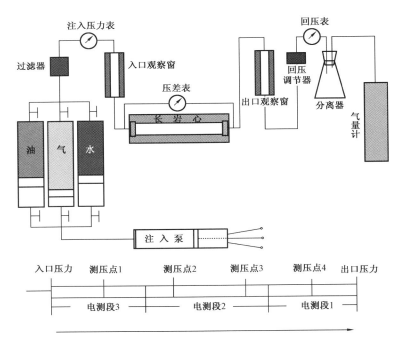

图 5 - 88　长岩心驱替实验装置

的,国外普遍采用常规短岩心按一定的排列方式拼成长岩心。为了消除岩石的末端效应,每块短岩心之间用滤纸连接。经加拿大 Hycal 公司的 Tomas 等人论证,当岩心足够长(1m 左右),通过在每块小岩心之间加滤纸可将末端效应降低到一定程度。每块岩心的排列顺序按下列调和平均方式排列。由下式调和平均法算出 K_{har} 值,然后将 K_{har} 值与所有岩心的渗透率作比较,取渗透率与 K_{har} 最接近的那块岩心放在出口站第一位;然后将剩余岩心的 K_{har} 再求出,将新求出的 K_{har} 值与所有剩下的岩心($n-1$)作比较,取渗透率与新的 K_{har} 值最接近的那块岩心放在出口端第二位;然后依次类推便可得出岩心排列顺序[72—74]。

$$\frac{L_{tot}}{K_{har}} = \frac{L_1}{K_1} + \frac{L_2}{K_2} + \cdots + \frac{L_i}{K_i} + \cdots + \frac{L_n}{K_n} = \sum_{i=1}^{n} \frac{L_i}{K_i}$$

式中 L_{tot}——岩心的总长度,cm;

　　　K_{har}——岩心的调和平均渗透率, $10^{-3} \mu m^2$;

　　　L_i——第 i 块岩心的长度,cm;

　　　K_i——第 i 块岩心的渗透率, $10^{-3} \mu m^2$。

结合前面岩心排序方法进行实测岩心的排序,六中区克下组长岩心从出口端到入口端的排列顺序果如表 5 – 20。

表 5 – 20　六中区克下组岩心排序

序号	井号	岩心编号	岩心长度 (cm)	岩心直径 (cm)	孔隙体积 (cm³)	孔隙度 (%)	渗透率 ($10^{-3} \mu m^2$)
158	J568	9 – 1	5.273	2.485	6.490	25.38	238.71
138	J569	20 – 1	4.100	2.485	4.219	21.22	222.67
131	J569	17 – 1	6.124	2.485	5.992	20.17	301.69
139	J569	20 – 2	3.363	2.485	3.215	19.71	164.99
121	J569	10 – 2	3.782	2.485	5.031	27.43	160.79
174	J568	19 – 2	2.445	2.485	2.814	23.73	344.56
106	J569	3	2.984	2.485	3.667	25.34	146.36
170	J568	17 – 2	5.761	2.485	5.144	18.41	114.09
172	J568	18	5.827	2.485	5.800	20.52	478.52
169	J568	17 – 1	5.600	2.485	3.746	13.79	94.79
122	J569	10 – 3	5.143	2.485	6.945	27.84	499.25
137	J569	19	4.643	2.485	5.218	23.17	500.33
173	J568	19 – 1	5.443	2.485	5.593	21.19	513.06
171	J568	17 – 3	5.572	2.485	5.290	19.57	608.17
144	J568	2	5.280	2.485	4.769	18.62	61.92
127	J569	15	3.572	2.485	4.222	24.37	2254.82
134	J569	18 – 1	5.937	2.485	5.262	18.27	2208.48
118	J569	9 – 1	5.361	2.485	5.580	21.46	2107.10
98	J569	42	4.283	2.485	5.097	24.54	1982.67
116	J569	8 – 1	5.327	2.485	5.779	22.37	2774.20

注:总长度:91.67cm 总孔隙体积:99.87cm³ 调和渗透率:238.51 $\times 10^{-3} \mu m^2$

（2）长岩心水驱油试验结果。

在地层温度和压力下,利用长岩心夹持器(1m 左右,4 点压力,4 点电测),将 20 个储层小岩心柱装入其中。利用克拉玛依油田六中区克下组储层岩心和流体,实验速度为 0.25mL/min,0.125mL/min,0.083mL/min 和 0.063mL/min 进行 4 次水驱油效率实验,对比研究不同驱替速度对水驱油效果的影响。

从长岩心不同驱替速度水驱油效率试验结果可以看出:驱替速度越高,无水采收率越低;在相同 PV 下,驱替速度越高采收率越低(表 5 - 21 和图 5 - 89)。

表 5 - 21 长岩心水驱油试验结果

0.063mL/min			0.083mL/min			0.125mL/min			0.25mL/min		
PV	含水率 (%)	采收率 (%)	PV	含水率 (%)	采收率 (%)	PV	含水率 (%)	采收率 (%)	PV	含水率 (%)	采收率 (%)
0.14	0.65	22.36	0.14	0.67	21.30	0.14	0.64	21.24	0.12	1.20	18.64
0.20	20.23	30.13	0.20	34.07	27.43	0.20	34.03	27.38	0.20	34.81	26.24
0.25	29.31	35.91	0.30	39.37	35.00	0.30	41.55	36.56	0.25	35.46	29.25
0.30	59.73	39.24	0.40	87.55	37.37	0.40	81.00	39.57	0.30	45.77	32.66
0.40	92.11	40.55	0.50	79.75	40.58	0.50	90.17	41.19	0.40	71.67	35.58
0.60	87.60	44.73	0.60	88.89	42.49	0.60	96.87	41.67	0.60	99.45	38.00
0.80	98.43	45.25	0.80	97.85	43.14	0.80	95.41	43.13	0.80	91.00	39.82
1.00	96.96	46.27	1.00	95.92	44.44	1.00	98.39	43.63	1.00	96.66	40.00
1.60	97.84	48.43	1.20	95.48	45.88	1.20	96.04	44.91	1.40	94.51	40.52
2.00	98.48	49.44	1.60	99.52	46.18	1.40	97.87	45.59	2.00	99.82	41.04
2.50	98.75	50.48	2.00	98.48	47.15				2.50	98.91	41.51
3.00	99.02	51.29	2.50	98.75	48.14				3.00	99.60	42.15
			3.00	99.02	48.92						

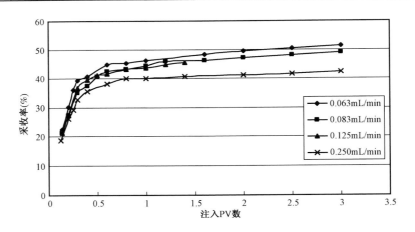

图 5 - 89 驱替速度对长岩心水驱油效率影响

3. 现场优化注水试验效果

2009 年 4 月,对六中北区及六中中区实施优化注水,注水强度控制在 2.03m³/m·d 附近,有针对性对区域 5 口老注水井调水,日注水量由 40 ~ 50m³,下调至 20 ~ 30m³,对新投注水井实施 10 ~ 15m³ 配水,注采比控制在 1.2 ~ 1.3 之间,点弱面强,控制含水上升,逐步恢复地层压力,收到较好效果,优化注水累积增油 1310t。典型井调水效果如下表所示(表 5 - 22)。

表 5 – 22　典型调水效果表

调水井号	油井井号	调前					调后					累积增油(t)	备注
		工作制度(泵径/冲程/冲次)	生产天数(d)	日产液(t)	日产油(t)	含水(%)	工作制度(泵径/冲程/冲次)	生产天数(d)	日产液(t)	日产油(t)	含水(%)		
T6263	T6252	44/1.7/7	31	12.6	3.5	72	44/1.7/7	31	14.7	9.1	38	183	注水量由20m³调15m³
14 – 5	T6277	38/1.5/10	31	12.1	1.1	91	38/1.5/7	31	13.5	4.2	69	100	注水量由40m³调20m³
14 – 5	14 – 6	57/1.4/9	31	11.6	2.7	77	57/1.4/9	31	13.7	8.9	35	190	注水量由40m³调21m³
16 – 10	16 – 9	38/1.2/12	31	13.4	2.4	82	38/1.2/12	31	11.8	7	41	150	注水量由40m³调30m³

二、驱替压力影响

1. 驱替压力对中高渗储层驱油效率影响

在物性相近情况下,驱替压力越高越容易形成水窜,降低采收率。在相同的驱替压力下,高渗透岩心更容易形成水窜,降低采收率(图 5 – 90—图 5 – 94)。

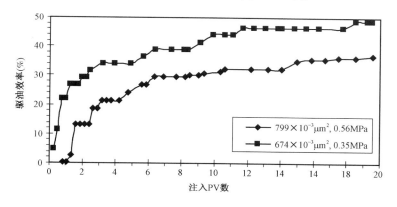

图 5 – 90　高渗透岩心不同压力驱替注入 PV 与驱油效率关系

2. 驱替压力对低渗储层驱油效率影响

选择低渗透岩心(孔隙度 12.46%,渗透率 $0.218 \times 10^{-3} \mu m^2$)进行恒压水驱油实验。由小到大依次选择三个压力进行水驱油实验,在每个驱替压力下含水达到稳定后,进行一次核磁共振测试,再增大驱替压力进行水驱油实验和核磁共振测试。由于核磁共振测试的信号是流体中 ^1H 的信号,而地层水与原油中都有 ^1H,为了有效区分地层水与原油的核磁共振信号,我们采用了不含有 ^1H 的氟油作为模拟原油进行实验,这样探测到的信号只有水的信号[38,75]。

对初始饱和水的状态、饱和油的状态和三个不同压力驱替后状态的五次核磁共振 T_2 谱测

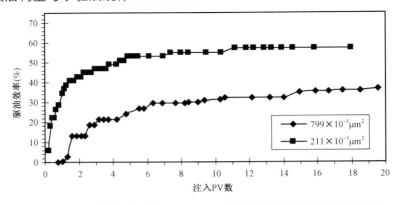

图 5 – 91　不同物性岩心恒压(0.56MPa)驱替注入 PV 与驱油效率关系

(渗透率799×10⁻³μm², J569井，深度562.93m，驱油效率38.29%)

图 5 – 92　42 – 5#岩心纵向切面薄片

(渗透率674×10⁻³μm², J569井，深度560.93m，驱油效率48.72%)

图 5 – 93　46 – 2#岩心纵向切面薄片

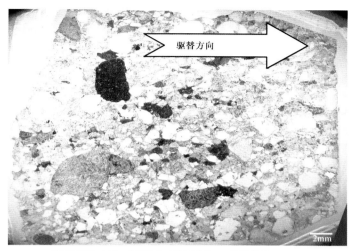

(渗透率211×10⁻³μm², J569井, 深度559.65m, 驱油效率57.09%)

图 5 – 94　49 – 2#岩心纵向切面薄片

试,可以得到五条 T_2 谱线。根据初始饱和水状态 T_2 驰豫时间的长短,把孔隙分为:大孔隙(孔喉半径≥5μm, T_2 驰豫时间≥100ms)、中孔隙(0.5μm≤孔喉半径<5μm, T_2 驰豫时间 10～100ms)、小孔隙(孔喉半径<0.5μm, T_2 驰豫时间<10ms)。

　　根据五次测得的核磁共振 T_2 谱研究了不同尺寸的孔隙所占的体积百分比、不同尺寸孔隙饱和油的多少以及不同驱替压力对不同尺寸的孔隙的原油动用程度[37]。实验结果见图 5 – 95 和表 5 – 23。

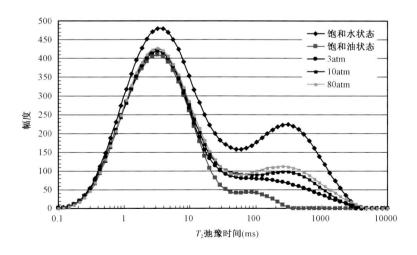

图 5 – 95　低渗透岩心核磁水驱油实验

表 5 – 23   低渗透岩心驱替压力与采出程度关系

孔隙分类	孔隙体积（%）	饱和油孔隙体积（%）	采出油所占孔隙体积（%）				不同孔隙采出程度（%）	总采出程度（%）
			1atm	3atm	28atm	总计		
小孔隙	55.21	8.22	0.84	0.07	0.59	1.49	18.19	3.49
中孔隙	20.24	11.44	3.07	1.12	0.37	4.56	39.85	10.65
大孔隙	24.54	23.14	6.67	2.72	2.08	11.46	49.52	26.77
合计	100.00	42.81	10.57	3.90	3.04	17.52	—	40.91

低渗透岩心提高驱替压力，能提高中小孔隙的动用程度，提高采收率。

三、周期注水对储层水驱油效率的影响

1. 周期注水原理

周期注水也称不稳定注水、间歇注水或脉冲注水，20世纪50年代，前苏联的一些学者提出周期注水的想法，并进行了理论研究、室内实验和矿场试验，取得了较好的效果[85—87]。

周期注水的机理主要是压力扰动弹性效应，即通过注水量的改变造成地层压力的重新分配和注水波及区内油水在地层中的重新分布。在此过程中，利用油层弹性力作用和毛细管力作用，达到增加产量和改善开发效果的目的。

完整的周期注水过程包括注水升压和采油降压两个阶段，两个阶段交替进行。① 升压阶段。该阶段常规做法是注水井注水强度加大，生产井关井，直至地层压力恢复到原始地层压力附近。② 降压阶段。该阶段注水井停注，生产井生产，直至地层压力接近饱和压力附近[87]。

在注水升压阶段，由于压力在高含水的大孔隙、高渗透率条带和低含水的微孔、低渗透岩块中传导速度的差异，产生了附加的流动压力梯度，促使注入水渗入含油岩块，并排出其中的部分剩余油，同时也强化了水的毛细管自吸排油作用。在此阶段，注入水压缩原油挤入含油岩块中，储存了一定的弹性驱油能量。此外，当油相处于压力扰动的波峰时，压力梯度的相应增大，也可以使油相克服较大一些的贾敏效应而流动[88,89]。

采油降压阶段，高渗层和低渗层之间形成反向压差，油水由低渗层向高渗层汇集，低渗层含水饱和度低，含油饱和度和渗透率差所产生的毛管压力梯度引发渗吸，水从高渗层吸入到低渗层并把其中的原油置换出来；注水升压阶段，被置换到高渗层中的油，被注入水驱替，从而被采出，由于降压，黏附在孔壁上的残油中的溶解气迅速脱出，释放弹性能量使得这部分残油处于孔道中而被驱替[90—96]。

因此，周期注水的实质是利用储层孔隙结构的非均质特性，依靠地层及其所含流体的弹性力和毛细管力的作用，促使部分剩余油从低渗透岩块中排入高渗通道，从而扩大注入水的波及体积，提高原油采收率[88]。

（1）常规方法研究储层渗吸驱油效率。

建立全自动渗吸测试系统，将实验岩心完全浸入地层水中，利用精密天平每1.5s自动记录岩心重量变化，利用重量变化可以计算岩心的渗吸采出程度（表5－24和图5－96）。

表 5 - 24　渗吸研究实验结果

井号	岩心号	长度(cm)	直径(cm)	孔隙度(%)	饱和油(mL)	含油饱和度(%)	采出程度(%)
检 588	6 - 5/26	4.20	2.50	21.26	2.05	46.80	25.42
检 583	9 - 10/22	4.43	2.50	14.55	1.10	34.81	13.99

图 5 - 96　检 588 井 6 - 5/26 渗吸实验后岩心照片

吸实验结果(图 5 - 97 和图 5 - 98)表明新疆中高孔渗砾岩储层总体渗吸采出程度很高,大体位于 14% ~40% 之间,岩心照片也反映了渗吸岩心内部的原油通过渗吸的作用运移到岩心表面,岩心内部部分区域渗吸作用比较强。渗吸曲线随时间的变化呈现出初期上升较快,后期较为平缓的特征,因为我们实验放大了油水接触面,客观上加快了渗吸速度和渗吸采出程度,在储层条件下,渗吸的效果应该很难达到这样的程度,但实验结果还是反应了岩心的渗吸作用较为明显的特征,这一个特征将在多年开发的老油田中发挥相当大的作用。

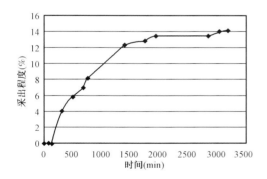

图 5 - 97　检 583 井 9 - 10/22 渗吸采出
程度与渗吸时间的关系图

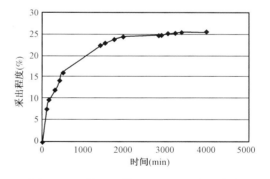

图 5 - 98　检 588 井 6 - 5/ - 27 渗吸采出
程度与渗吸时间的关系图

(2)运用核磁共振技术研究储层渗吸驱油效率。

由于核磁共振测试的信号是流体中 ^1H 的信号,地层水中有 ^1H,而一般的原油或模拟油中也有 ^1H,为了区分地层水与模拟油的信号,研究岩心在渗吸采油过程中哪些孔隙毛管力的作用下首先被采出等机理问题,我们选用了不含有 ^1H 的特殊合成油渗吸实验(油的黏度约为 2mPa·s)。这样被油占据的孔喉,弛豫信号消失,探测到的信号始终是水的信号。实验岩心数据见表 5 - 25。

表 5 – 25　核磁共振渗吸研究实验数据

井号	岩心号	岩心基本参数			
		长度(cm)	直径(cm)	孔隙度(%)	渗透率(10⁻³μm²)
ES7008	10(17/19)	3.638	2.600	16.93	118.85
T7216	16(23/26)	4.00	2.510	16.42	12.10

　　岩心饱和氟油(没有核磁信号),浸入地层水进行渗吸实验,设定时间步长,共进行 10 次核磁共振测试,研究渗吸发生的历程。每块岩心有多条 T_2 谱线,分别为饱和水状态的曲线、饱和合成油状态的曲线、不同渗吸时间后的曲线。根据 T_2 弛豫时间的长短,把孔隙分为大孔隙(大于 50ms)、中孔隙(10 ~ 50ms)、小孔隙(小于 10ms),研究了不同类型的孔隙体积的多少、不同孔隙在渗吸作用下动用的难易程度。核磁共振驱油效率试验结果表明:随着渗吸时间的增加,相应的 T_2 谱线的幅度随之变大,表明合成油在渗吸作用下被采出,渗吸与时间的曲线与原油的渗吸实验曲线很接近,表明合成油的渗吸作用机理与原油的渗吸作用机理一致(图 5 – 99—图 5 – 102)。图 5 – 103 及图 5 – 104 表明大孔隙采出程度贡献最低,而且随时间增幅最小,而小孔隙和中孔隙随着时间的增加,对渗吸的贡献率增加明显,总体幅度也高于大孔隙,表明了渗吸采油的机理与水驱油作用明显不同,中小孔隙更容易发生渗吸。

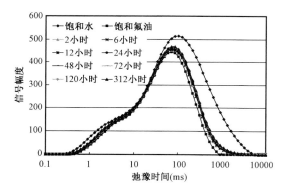

图 5 – 99　ES7008 井 10(17/19)渗吸 T_2 谱

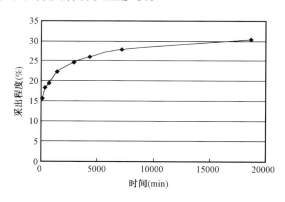

图 5 – 100　ES7008 井 10(17/19)渗吸实验结果

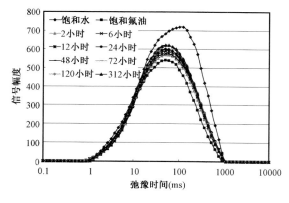

图 5 – 101　T7216 井 16(23/26)渗吸 T_2 谱

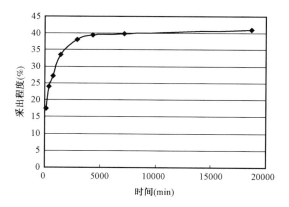

图 5 – 102　T7216 井 16(23/26)渗吸实验结果

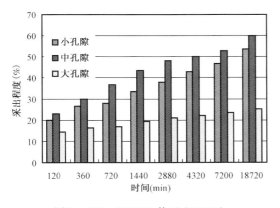

图 5 - 103　ES7008 井 10（17/19）
不同级别孔隙渗吸采出程度

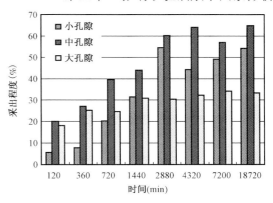

图 5 - 104　T7216 井 16（23/26）
不同级别孔隙渗吸采出程度

渗吸过程中,小孔喉的贡献率始终大于大孔隙,小孔喉贡献率增加幅度也明显大于大孔隙;渗吸作用可动用在水驱作用下不易动用的部分原油,将原油置换到大孔隙中,因此渗吸作用是水驱的有益补充,在水驱开发生产中对于提高水驱效率意义重大（图 5 - 105）。

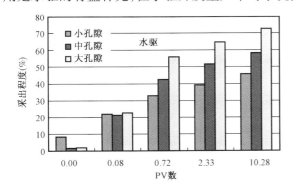

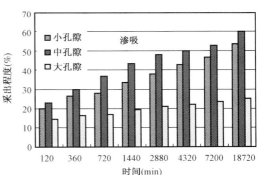

图 5 - 105　水驱过程与渗吸过程不同级别孔隙动用情况

2. 周期注水实验室物理模拟

本次实验重点研究高含水井关闭后重开的情况,实验中采用天然砾岩岩心,实验中采用的原油取自现场。

按照常规水驱油实验的流程,进行第一次水驱,当含水率达到 98% 左右时,停止驱替,并且关闭出口端,静置一段时间后,进行下一次水驱,物理模拟过程共进行两次关井和三次水驱,具体关井静置时间如表 5 - 26 所示。

表 5 - 26　岩心基础数据表

岩心号	渗透率（$10^{-3}\mu m^2$）	孔隙度（%）	长度（cm）	直径（cm）	关井时间（d）
A	263.00	24.03	5.290	3.680	7
B	46.67	16.45	5.536	3.800	7
C	23.52	6.77	5.000	3.774	14

图 5-106—图 5-108 展示了 3 块岩心周期注水实验的采收率及含水率变化规律。

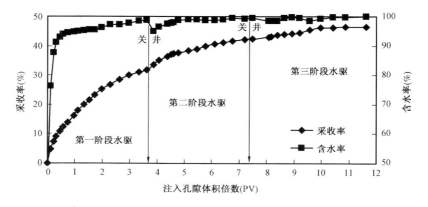

图 5-106　A 岩心周期注水的采收率及含水率变化曲线

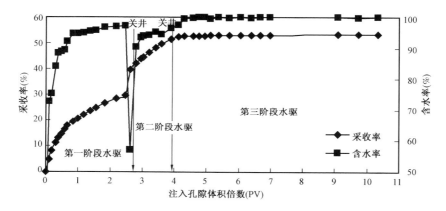

图 5-107　B 岩心周期注水的采收率及含水率变化曲线

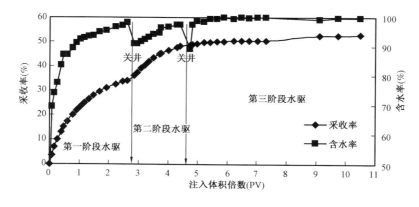

图 5-108　C 岩心周期注水的采收率及含水率变化曲线

从图 5-106 中可以看出第一阶段水驱结束时,阶段末采收率约为 31%,含水率上升至 98% 左右;第二阶段水驱开始时,含水率呈现出一定的下降趋势,阶段末采收率达到约 42%;

第三阶段水驱过程中,含水率变化不明显,最终采收率达到47%左右。

从图5-107中可以看出第一阶段水驱结束时,阶段末采收率接近30%,含水率上升至97%;第二阶段水驱开始时,含水率约为57%,阶段末采收率达到52.7%,比第一阶段末采收率提高约22%;第三阶段水驱过程中,含水率和采收率变化不明显。

从图5-108中可以看出第一阶段水驱结束时,阶段末采收率接近34%,含水率上升至98%;第二阶段水驱开始时,含水率约为90%,阶段末采收率达到48%;第三阶段水驱开始时,含水率约为89%,最终采收率超过了50%。

对比以上三张图可知,三块岩心的第二阶段水驱,在控制含水率上升和提高采收率方面均取得了很好的效果,说明在关井期间,渗吸作用使得较大孔隙中的水进入了较小孔隙,并将油置换到较大孔隙中,通过后续水驱将油采出。但在第三阶段水驱过程中,A岩心和B岩心的稳油控水效果就不十分理想了,而关井时间更长的C岩心则仍然很好的控制了含水率上升,并且保持着一定的采油量,反映出大孔隙中的水进入了更小的孔隙中,并置换出油,这个渗吸过程所需时间可能更久。

3. 现场周期注水试验效果

2008年为控制含水上升速度,在六中东区中部地区、南部地区及东部地区,选取三个含水较高的集团井组(14口水井,28口相关油井)实施周期注水试验,取得了一定的效果,但是因各周期注水井组相对分散,效果受到了一定影响。

在2008年周期注水的基础上,根据试验区压力及含水分布状况,选取南部垂直于主流线方向T6119—T6164、T6120—T6165井排及平行于主流线T6162—T6163、T6174—T6175、T6184—T6185、T6193—T6194、T6198—T6199井排进行大范围的周期注水工作,减少注水8965m³,区域月注采比由周期注水前的0.9控制到0.6,涉及油井含水由周期注水前的86%降至78%,日产油量由35.1t升至54.8t,相关4口油井同井点周期注水前后压力由周期注水前的9.6MPa降至周期注水后的9.1MPa。典型井如T6143井,该井2007年1月因压裂水窜,其后长期高含水、高压力自喷生产,产液剖面测试为该井层层出水,注入水沿压裂形成的水窜通道突进,2007年10月相关2口水井(T6136、T6150井)进行调剖,该井未见效,2009年4—5月涉及相关水井4口进行周期注水,该井见效明显,日产液由22.4t降至17.1t,含水由98%降至80%,油压由0.81MPa降至0.61MPa,4—5月累积增油149t(表5-27)。

表5-27　典型间注见效井效果表

调水井号	油井井号	调前			调后			目前			日增水平(t)
		日产液(t)	日产油(t)	含水(%)	日产液(t)	日产油(t)	含水(%)	日产液(t)	日产油(t)	含水(%)	
T6136 T6137 T6150 T6151	T6143	19.6	0.8	96	18.1	2.4	87	17.1	3.4	80	2.6
T6093 T6194 T6198 T6199	T6196	14.9	3.7	75	14.6	6.1	58	12.6	5.4	57	1.7
T6120 T6137	T6129	11.7	0.4	97	10.2	3.2	69	11.7	3.4	71	3.0

第四节　综 合 分 析

采用神经网络[81—84]分析了 60 个岩样 793 个试验点数据,影响驱油效率的因素排序:驱替 PV 数,油水黏度比,驱替速度,渗透率(表 5 – 28)。

表 5 – 28　影响驱油效率因素大小

影响因素	油水黏度比	渗透率	驱替速度	PV 数
重要性	0.20	0.16	0.18	0.46

第六章 冲积扇砾岩储层剩余油分布研究

油藏的注水开发过程,就是水在多孔介质中驱替油的过程,由于多孔介质的非均质性、润湿性以及油、水性质的差异,水对油的驱替是不完全的。在有限的时间(考虑到经济因素,油井的开发时间是有限的)内会有较多的原油滞留在地下采不出来,形成剩余油[31]。

第一节 开发潜力评价

一、储层可动流体饱和度评价

储层孔隙中的流体与固体表面存在一定的相互作用,这种作用的强弱与孔隙大小、表面粗糙度、黏土矿物覆盖程度、比表面大小等因素有关,这种作用力使得孔隙表面附近的流体被束缚不能参与流动,成为束缚流体,而现场开发、生产中所关心的是可以流动的流体有多少,即可动流体饱和度这一概念。可动流体饱和度作为评价储层物性一项非常有效的参数已经越来越得到各方面的认可。它能够反映储层真实有效的可开采资源量,对于正确认识储层的物性品位具有非常重要的意义[97—101]。

1. 核磁共振确定可动流体饱和度原理

当流体(如水或油等)饱和到岩样孔隙内后,流体分子会受到孔隙固体表面的作用力,作用力的大小取决于孔隙(孔隙大小、孔隙形态)、矿物(矿物成分、矿物表面性质)和流体(流体类型、流体黏度)等。

对饱和流体(水或油)的岩样进行核磁共振 T_2 测量时,得到的 T_2 弛豫时间大小取决于流体分子受到孔隙固体表面作用力的强弱,因此 T_2 弛豫时间的大小是孔隙(孔隙大小、孔隙形态)、矿物(矿物成分、矿物表面性质)和流体(流体类型、流体黏度)等因素的综合反映,利用岩样内流体的核磁共振 T_2 弛豫时间的大小及其分布特征,可对岩样孔隙内流体的赋存状态进行分析。当流体受到孔隙固体表面的作用力很强时(如微小孔隙内的流体或较大孔隙内与固体表面紧密接触的流体),流体的 T_2 弛豫时间很短,流体处于束缚或不可动状态,称之为束缚流体或不可动流体。反之,当流体受到孔隙固体表面的作用力较弱时(如较大孔隙内与固体表面不是紧密接触的流体),流体的 T_2 弛豫时间较大,流体处于自由或可动状态,称之为自由流体或可动流体。

综上所述,利用核磁共振 T_2 谱可对岩样孔隙内流体的赋存状态进行分析,可对岩样内的可动流体和可动油进行分析,饱和地层水或模拟地层水状态下岩样的核磁共振 T_2 谱用于可动流体的分析,同理饱和油束缚水状态下的油相 T_2 谱用于可动油的分析。由于 T_2 弛豫时间的大小取决于孔隙(孔隙大小、孔隙形态)、矿物(矿物成分、矿物表面性质)和流体(流体类型、流体黏度)等,因此岩样内可动流体和可动油含量的高低就是孔隙大小、孔隙形态、矿物成分、矿物表面性质等多种因素的综合反映。又由于孔隙大小、孔隙形态、矿物成分、矿物表面性质等是与储层质量好差和开发潜力高低密切相关的,因此可动流体和可动油是储层评价中的两个重要参数,另外,根据可动流体和可动油的油层物理含义,这两项参数也可用于油、气储层的储量和可采储量的计算中,可动流体百分数是初始含油饱和度(油层)或初始含气饱和度(气层)的上限,同理可动油百分数是油层驱油效率的上限[97—101]。

核磁共振可动流体饱和度是一个完全来自于实验的概念。下面就用实验来说明这个概念。图 6-1 是一块完全饱和水的岩样与它经过高速离心甩干后的核磁共振弛豫时间谱。横坐标表示弛豫时间,纵坐标表示岩心不同弛豫时间组分占有的份额。较大孔隙对应的弛豫时间较长,较小孔隙对应的弛豫时间较短,弛豫时间谱也就是 T_2 谱在油层物理上的含义为岩心中不同大小的孔隙占总孔隙的比例,从弛豫时间谱中可以得到丰富的油层物理信息。

弛豫时间谱代表了岩石孔径分布情况,而当孔径小到某一程度后,孔隙中的流体将被毛管力所束缚,而无法流动,因此在弛豫谱上存在一个界限——当孔隙流体的弛豫时间大于某一弛豫时间时,流体为可动流体,反之为束缚流体。这个弛豫时间界限,称为可动流体截止值,可动流体截止值已经广泛地用在核磁测井中,是评价储层的一个重要指标,研究可动流体及其截止值的特征和规律对油田勘探和开发具有重要的意义。

可动流体 T_2 截止值通常需要通过核磁共振分析方法来确定,实验方法是先对饱和流体的岩样进行低磁场核磁共振 T_2 测试,然后将岩样置于离心机中进行气—水高速离心,通过比较不同离心力离心前后 T_2 谱的变化即可确定出所分析岩样的可动流体 T_2 截止值[102—108]。

从图 6-1—图 6-4 可以看出,200psi 离心后,储层含水饱和度基本不变。因此,对于该储层 200psi 离心力(对应喉道半径 0.1055μm)下不可动的流体可以定义为束缚流体。

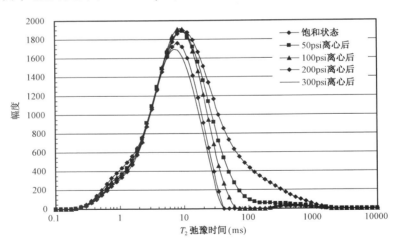

图 6-1 岩心不同离心力离心前后 T_2 谱

从离心前后的 T_2 谱比较图中确定可动流体 T_2 截止值的方法如下:首先,对离心后 T_2 谱的所有点的幅度求和,然后在离心前的 T_2 谱中找出一点,使得该点左边各点的幅度和与离心后 T_2 谱所有点的幅度和相等,则该点对应的横坐标即为所分析岩样的可动流体 T_2 截止值(图6-5)。

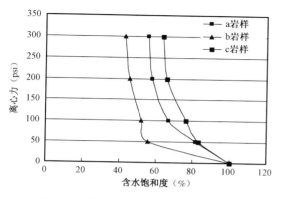

图6-2 岩心离心力与含水饱和度关系

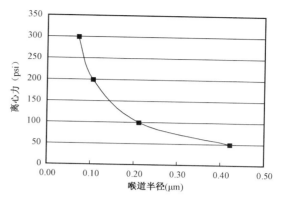

图6-3 岩心离心力与孔喉半径关系

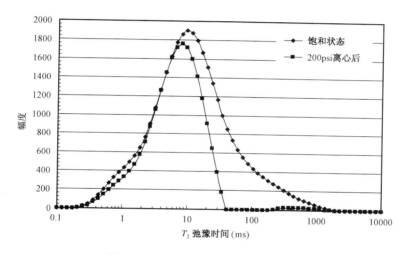

图6-4 岩心 200psi 离心前后 T_2 谱

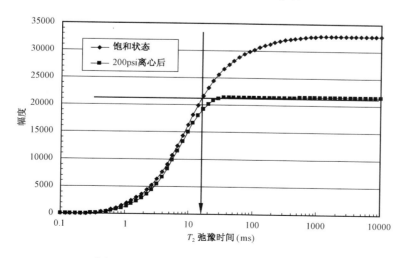

图6-5 岩心 T_2 截止至确定方法示意图

2. 储层可动流体饱和度测试结果

选择 19 块岩心,测试岩心的可动流体饱和度,可见储层可动流体饱和度高,开发潜力大(表 6-1)。

表 6-1 储层的可动流体饱和度测试结果

取心资料			孔隙度(%)	渗透率(10⁻³μm²)	可动流体饱和度(%)
井号	深度(m)	岩性			
检 583	389.12	含砾粗砂岩	18.44	61.07	69.69
检 583	394.60	含砾粗砂岩	23.33	349.41	77.46
检 583	406.28	细砾岩	15.32	45.65	74.22
检 583	410.17	细砾岩	22.27	251.73	76.19
检 583	397.6	细砾岩	12.07	11.17	69.63
检 583	409.96	细砾岩	11.82	10.38	69.75
检 583	414.6	砂砾岩	19.86	13.97	48.66
检 583	416.91	砂砾岩	12.52	15.77	71.68
检 583	416.35	砂砾岩	15.03	45.42	74.89
检 583	405.74	细砾岩	24.98	683.62	80.73
检 588	404.59	含砾砂岩	18.98	3.52	34.23
检 588	408.25	砂砾岩	15.90	83.53	78.34
检 588	410.62	砂砾岩	11.06	3.19	59.33
检 588	419.45	含砾粉砂岩	17.40	37.08	66.80
检 588	420.70	含砾粗砂岩	21.40	122.35	70.73
检 588	526.11	砂砾岩	11.57	9.84	70.10
检 588	427.59	砂砾岩	12.12	8.00	65.80
检 588	429.92	砂砾岩	9.17	1.00	54.27
检 588	414.90	砂砾岩	23.41	328.55	76.78

二、目前含油饱和度评价

现场岩心描述(表 6-2)反映,克下组 S_7^{2-3} 含油性最好,以油浸和富含油为主,储层上部和下部含油性较差,以油斑为主。

表 6-2 现场岩心描述含油性

层位	含 油 性							
	J581	J582	J583	J584	J585	J586	J587	J588
S_7^1	油斑	油斑	富含油-油斑	油斑	—	油斑	—	油斑
S_7^{2-1}	油浸	油斑	油迹-富含油	油斑-油浸	油斑	油斑	油浸	油斑-油浸
S_7^{2-2}	油迹	油斑	油斑-油浸	富含油	油斑	富含油	油浸	油浸-富含油
S_7^{2-3}	油浸	油浸	富含油-油斑	富含油-油斑	富含油-油浸	油浸	油斑	油斑-富含油

层位	含油性							
	J581	J582	J583	J584	J585	J586	J587	J588
S_7^{3-1}	富含油	油斑	油迹－油浸	油斑－富含油	油浸	油浸	油浸	油斑－富含油
S_7^{3-2}	油浸	油斑	油迹－油浸	油浸	油浸	—	油斑－油浸	油浸
S_7^{3-3}	油浸－油斑	油斑	油斑	油浸－油斑	油斑	油浸－油斑	油斑	油浸－油斑
S_7^4					油斑	油斑	油斑	油浸－油斑

（1）常规蒸馏法饱和度分析。

常规蒸馏法饱和度分析结果见表6－3。单井平均含油饱和度最低的井为检583井,其次为检582井,平均含油饱和度最高的井为检581井和检585井。剖面上,S_7^{2-3}平均含油饱和度最高,S_7^{3-3}、S_7^4含油饱和度最低。

表6－3 系统密闭取心井校正前化验分析含油饱和度统计（%）

层位	J581	J582	J583	J584	J585	J586	J587	J588	平均值
S_7^1	43.0	42.8	23.3	62.9	—	64.6			47.3
S_7^{2-1}	55.3	47.3	26.8	64.2	56.3	61.0	53.3	51.7	52.0
S_7^{2-2}	65.9	49.0	36.9	51.1	—	55.9	57.6	57.1	53.3
S_7^{2-3}	59.2	44.4	38.1	58.8	68.1	61.7	46.8	60.6	56.2
S_7^{3-1}	52.2	46.2	40.4	54.4	59.1	51.8	57.5	53.7	51.7
S_7^{3-2}	59.3	39.7	42.6	59.3	51.1	—	54.8	60.4	52.4
S_7^{3-3}	59.2	45.4	36.3	55.4	56.2	56.1	42.1	53.9	50.6
S_7^4	—	—	—	—	52.7	51.9	53.2	46.1	51.0
平均值	57.2	45.6	35.0	57.0	58.3	56.7	52.6	55.0	52.2

实际上,从密闭取心开始一直到完成岩样饱和度值测定,岩心的脱气及轻质组分的挥发等损失伴随着全过程,使得测定值和原始值之间存在一定的差距[109—112]。这一差距的范围是5%～35%,为了能够真实反映地下饱和度的分布状况,对六中东区三口密闭取心井的饱和度分析资料进行了考察与研究,采用下面的校正方法[113]：

假设油和水的剩余率分别为η_1和η_2,则有：

$$S_o \times \eta_1 = S'_o \qquad (6-1)$$

$$S_w \times \eta_2 = S'_w \qquad (6-2)$$

式中S_o、S_w分别是油水原始饱和度;S'_o和S'_w分别是油水测量饱和度,所以有：

$$S_o + S_w = 1 \qquad (6-3)$$

$$S'_o/\eta_1 + S'_w/\eta_2 = 1 \qquad (6-4)$$

对上式进行变形就可以得到一个线性关系式：

$$S'_\mathrm{w} = A + B \times S'_\mathrm{o} \qquad (6-5)$$

其中：$\eta_2 = A$，$\eta_1 = -A/B$；A、B 分别是上式的系数，可以通过岩心测量的油水饱和度线性回归得到。

线性回归得到 A、B 值后（图 6-6），就可以求出油水的剩余率，然后利用下面公式进行饱和度校正：

$$S_\mathrm{o} = (1 - S'_\mathrm{o} - S'_\mathrm{w}) \times Y + S'_\mathrm{o} \qquad (6-6)$$

$$S_\mathrm{w} = (1 - S'_\mathrm{o} - S'_\mathrm{w}) \times (1 - Y) + S'_\mathrm{w} \qquad (6-7)$$

上式中：$Y = (1 - \eta_1) / [(1 - \eta_1) + (1 - \eta_2)]$

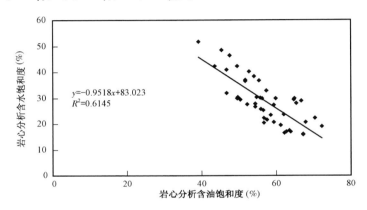

图 6-6　J586 井岩心分析饱和度交会图

利用前面的饱和度校正方法对六中区 8 口密闭取心井饱和度进行校正，其中 J583 井 36 块岩心只有 3 块化验合格，没有进行校正（岩心分析实验的问题），图 6-7 是 J586 井校正结果对比图。

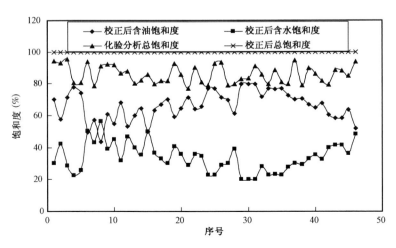

图 6-7　J586 井饱和度校正图

经过体积系数和挥发校正后的含油饱和度平均增大 10.1%,除化验分析值明显偏低的 J583 井外,其它井含油饱和度井间和层间变化不大(表6-4)。

表6-4　系统密闭取心井校正后化验分析含油饱和度统计(%)

层位	J581	J582	J583	J584	J585	J586	J587	J588	平均值
S_7^1	50.4	57.1	33.5	66.2	—	70.0	—	—	55.4
S_7^{2-1}	63.0	56.4	37.3	67.9	65.7	68.9	64.6	59.9	60.5
S_7^{2-2}	76.0	60.7	52.5	56.0		64.9	75.3	68.0	64.8
S_7^{2-3}	69.3	60.1	56.3	67.1	76.5	73.6	53.2	70.2	66.6
S_7^{3-1}	67.2	58.0	54.9	60.4	65.2	60.2	71.4	65.0	62.8
S_7^{3-2}	67.3	51.2	55.5	67.4	62.6	—	69.3	68.0	63.1
S_7^{3-3}	66.9	55.7	51.9	60.2	65.2	57.4	55.4	62.0	59.3
S_7^4	—	—	—		58.1	60.0	63.7	51.8	58.4
平均值	67.5	57.7	48.5	63.3	66.7	64.9	66.1	63.8	62.3

(2)核磁共振法饱和度分析。

核磁共振法分析饱和度步骤[114—116](图6-8):

① 测试初始状态油 + 水 T_2 谱,可以求得油水饱和度之和;

② 测试饱和状态油 + 水 T_2 谱,可以求得孔隙度;

③ 饱和锰水,剔除水的信号,测试纯油相 T_2 谱,可以求得含油饱和度。

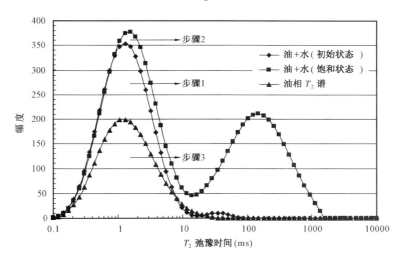

图6-8　核磁共振法测试饱和度步骤

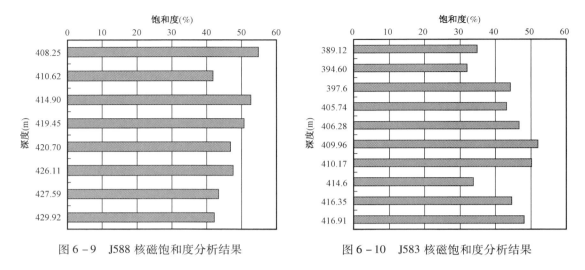

图 6 - 9 J588 核磁饱和度分析结果　　图 6 - 10 J583 核磁饱和度分析结果

J588 井含油饱和度较高,在 50% 左右,剩余油较多;J583 井含油饱和度相对较低(图 6 - 9 和图 6 - 10)。

第二节　剩余油微观分布特征

一、不同类型储层剩余油微观分布特征

原油储集在储层孔隙中,要将其驱替而采出,储层中的孔隙网络结构起着决定性的作用。储层孔隙网络结构一般包括孔隙大小及其分布、孔喉比、孔隙连通状况等。孔喉细小的储层渗透性差,孔隙连通性差,盲孔较多,驱替压力梯度高,原油不易驱替出来。孔喉大小不同,油水分布也不同。储层孔隙网络结构控制着油水渗流特征。在岩石润湿性相同条件下,岩石的孔喉大小、分选、均质性及孔喉连通程度,都不同程度地影响流场中油水运移速度和聚集形态。中孔中喉类型的层段或部位,大都为水相所占据;原油呈网状分布,多位于小孔喉居多的部位或胶结物多的部位。孔喉网络均质性与剩余油饱和度有一定关系,孔喉均质系数低的部位剩余油相对较富集[31]。各类储层剩余油分布见表 6 - 5。

1. I 类储层

I 类储集层孔喉大,分布相对均匀,连通性好,水驱时可以形成网状渗流通道,水驱波及系数相对较高,水驱油效率最高,平均为 61%。在连通性好的大孔道中,随着注水量的增大,驱走一部分原油,孔道中含水饱和度增大,水相逐渐变为连续相而油相变为分散相。连续水相形成水流通道后,分散的油相不易被驱走,形成油斑状剩余油。形成剩余油因素一是由于孔壁润湿性的微观差异造成剩余油以珠状赋存于孔隙壁上;二是 I 类储层孔喉大,大部分原油被水驱走,但由于大孔道中驱替水的流速较低,冲刷能力较弱,孔道中形成连续水相后,一些附着于孔道壁的原油不易被水驱走,形成油斑。

表 6 – 5 各类储层剩余油分布特征

储层类型	水驱油特征	剩余油照片	剩余油分布
Ⅰ 类储层	孔喉大,分布相对均匀,连通性好,水驱时可以形成网状渗流通道,水驱波及系数相对较高,水驱油效率最高,平均为61%。		油斑、油珠附着于孔隙壁面
Ⅱ 类储层	孔喉分布不均匀,局部发育大孔道,并存在微裂缝,水驱油过程中水窜严重,含水上升很快,导致驱油效率较低,平均为42%。		剩余油富集于小孔道及盲孔
Ⅲ 类储层	中孔中细喉孔隙结构,孔喉分布相对均匀,偏细歪度。水驱时可以形成稀网状渗流通道,水驱波及系数相对较高,水驱油效率高,平均50%。		剩余油富集于小孔道及盲孔
Ⅳ 类储层	细长状孔道,连通性差,小孔道由于启动压力高,水驱只能形成极少的渗流通道,因此水驱波及效率低,驱油效率很低,平均35%。		剩余油以段塞形式存在于孔隙中

2. Ⅱ类储层

Ⅱ类储集层孔喉分布不均匀,局部发育大孔道,并存在微裂缝,水驱油过程中水窜严重,含水上升很快,导致驱油效率较低,平均为42%。在Ⅱ类储集层中渗流阻力较大的细小孔道中的油不易被驱走,是剩余油的聚集区;而主流孔道中渗流阻力小,水洗充分,油大部分被驱走,但在大孔隙中往往形成一些残余油斑及油膜。

3. Ⅲ类储层

Ⅲ类储层为中孔中细喉孔隙结构,孔喉分布相对均匀,偏细歪度。水驱时可以形成稀网状渗流通道,水驱波及系数相对较高,水驱油效率高,平均50%。剩余油富集于小孔道及盲孔。

4. Ⅳ类储层

Ⅳ类储层孔道主要为细长状孔道,连通性差,小孔道由于启动压力高,注入水很难进入,注入水只能进入渗流阻力相对较小的较大孔道中,形成极少的渗流通道,因此水驱波及效率低,驱油效率很低,平均为35%。在细长孔道中,水驱前缘过后形成油水相间的段塞。在这种情况下油水运动阻力较大,有时段塞滞留不前,当压力不平衡,局部有波动克服流动阻力时油水段塞会向前运移。在较长时间的两相流动过程中,油水会不断交替进入这些孔道,形成大小不等的油水段塞。低孔低渗储层中小孔道和盲孔较多,也是剩余油的富集区。

二、剩余油在不同级别孔隙中分布

采用核磁共振水驱油方法评价剩余油在不同级别孔隙中分布规律。试验步骤:

① 饱和水,测试 T_2 谱;

② 油(采用氟油,无氢信号)驱水至束缚水状态,测试 T_2 谱;

③ 水驱油,测试 T_2 谱。

从试验结果可以看出:

大孔隙采收率很高,中小孔隙采收率较低;剩余油主要分布在中小孔隙中(图6－11和图6－12)。

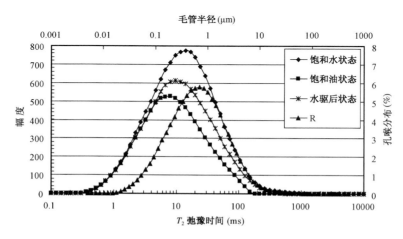

图6－11　核磁水驱油试验图

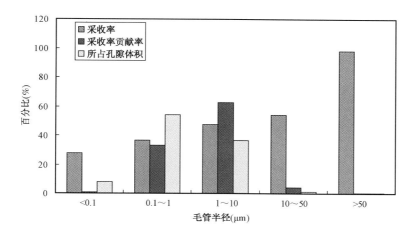

图6-12　不同级别孔隙的采收率

从目前含油饱和度测试 T_2 也可以看出:目前剩余油主要分布在中小孔隙中(图6-13和表6-6)。

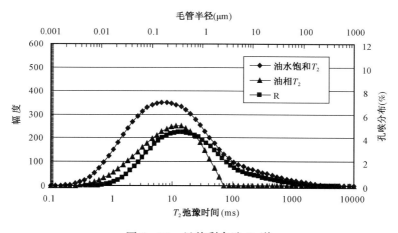

图6-13　目前剩余油 T_2 谱

表6-6　剩余油在不同级别孔隙中分布

毛管半径(μm)	所占孔隙百分数(%)	含油体积占总孔隙百分比(%)	含油百分数(%)
<0.1	15.82	6.34	11.79
0.1~1	50.3	33.89	63.01
1~3	20.46	13.53	25.16
3~10	8.31	0.02	0.04
>10	5.11	0	0

第三节　剩余油微观形成机理

（1）储层的微观孔隙结构是控制剩余油分布的主要因素。储层的微观孔隙结构特征控制和影响流体在孔隙性岩石中流动分布、渗流特征、驱油效率。由于储层微观孔隙结构的非均质性，导致孔喉大连通性好的储层水驱波及效率高；而孔喉细小连通性差的储层注入水很难波及到（或波及效率较低），因此，孔喉细小、孔喉连通性差、盲孔较多的储层是剩余油富集区。

（2）固液分子之间的作用力，引起原油分子在岩石颗粒表面的吸附。这种吸附是固液界面间的性质造成的。因此部分原油在孔道表面吸附以油膜方式存在，这些油膜在水驱条件下很难驱替完全，因此这些被吸附的油膜会滞留于储层中采不出来，形成剩余油[31]。

（3）油水在驱替过程中，受到毛管力、驱替压力和界面张力，这三种力在储层的不同方位，大小和方向是不同的，因此三者共同作用的结果，使得部分原油受到的驱替动力弱而不能被驱动，在储层中形成剩余油。

（4）油水本身性质的差异，导致渗流特征不同。由于水的黏度低于油的黏度，在驱替过程中产生水的指进等现象，形成非活塞式驱油，部分油由于水的未波及而成为剩余油。

（5）由于原油本身性质的变化和边界层的存在，使原油随着开采过程的进行，黏度变大，流变性由以前的牛顿流变为非牛顿流，原油的流动阻力增大，在同样的驱替压差下，驱替出的原油量减少，有较多的油成为剩余油。

（6）储层伤害引起整个储层渗透率降低，孔喉连通性变差，部分原油由于波及不到（或波及效率较低），滞留地层，形成剩余油。

第四节　剩余油宏观分布类型

一、渗流屏障控制的剩余油

由于冲积扇沉积环境复杂，不同构型单元垂向上相互叠置，在平面和垂向上均存在许多构型界面，这对于剩余油分布有很大的影响，主要表现在以下方面：

（1）扇缘砂体呈窄带状分布，井网很难控制，剩余油富集。

上部 S_6 单砂体呈窄带状，宽度一般小于 200m，由下向上（$S_6^3 \sim S_6^1$），砂体厚度和宽度均减小。单砂体控制程度低，300m 井距的砂体控制程度为 0.07～0.3，150m 井距的控制程度为 0.31～0.76。一些小型的透镜状或条带状砂体，在三维空间上具"迷宫状"结构，井网很难控制，砂体无井钻达，油层保持原始状态（图 6-14）。

（2）不同期单砂体之间存在构型界面，导致注采不对应，构型界面附近剩余油富集。

由于沉积相变，造成注采不完善，导致井网控制不住的部位剩余油富集。有的砂体无井钻达，油层保持原始状态；有的砂体只有注水井而没有采油井，注水后油层成为憋高压的未动用油层；有的砂体只有采油井，没有注水井，仅靠天然能量采出少部分油，而成为低压基本未动用的油层（图 6-15）。

（3）封闭性断层影响注采关系，形成剩余油。

在封闭性断层附近，往往会形成注入水驱替不到或水驱很差的水动滞留区。在这类滞留区，可形成剩余油分布区。封闭性断层影响注采关系，形成剩余油（图 6-16）。

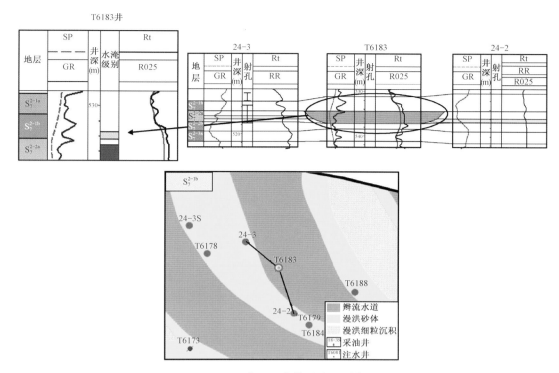

图 6 - 14　井网不完善形成的剩余油

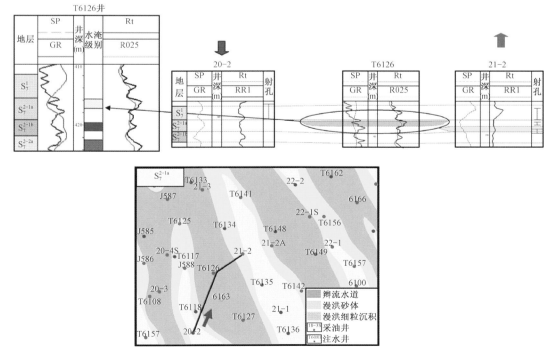

图 6 - 15　注采不对应形成的剩余油

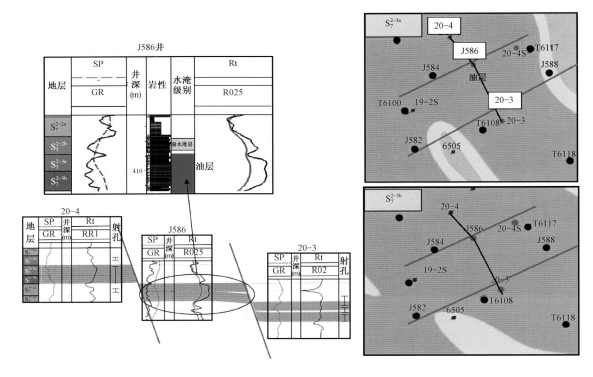

图 6-16　封闭型断层形成的剩余油

二、渗流差异控制的剩余油

在井网相对完善的情况下,仍会有剩余油存在。冲积扇沉积环境复杂,各构型单元形成的沉积环境不同,岩石相组合不同,且各岩石相物性也存在较大的差异,导致各构型单元中的剩余油分布不尽相同。主要有以下方面:

(1)层间动用差异型。

由于各层砂体的渗透率差异较大,砂砾岩体的层间非均质性很强,这对于注水开发具有很大的影响,极易导致注入水的单层突进。

在多层合采的情况下,由于层间非均质性会使多油层间出现层间干扰问题。层位越多、层间差异越大、单井产液量越高、层间干扰就越严重。往往高渗油层水驱启动压力低,容易水驱,而较低渗透率的储层水驱启动压力高,水驱程度弱甚至未水驱,这样便使部分油层动用不好或基本没有动用,形成剩余油层(图 6-17)。

(2)层内动用差异型。

不同构型单元是由不同岩石相组成的,而不同岩石相具有不同的渗流差异,因此,不同构型单元之间存在渗流差异,导致不同岩石相一般水淹程度不同。一般粗砂—细砾岩相容易水淹,而中砾岩和中砂岩剩余油相对富集(图 6-18)。如注水井 20-9 井 S_7^{3-1} 岩石相为粗砂—细砾岩,物性好,吸水强度高,注入水容易沿次通道推进,导致 S_7^{3-1} 水淹程度较高。

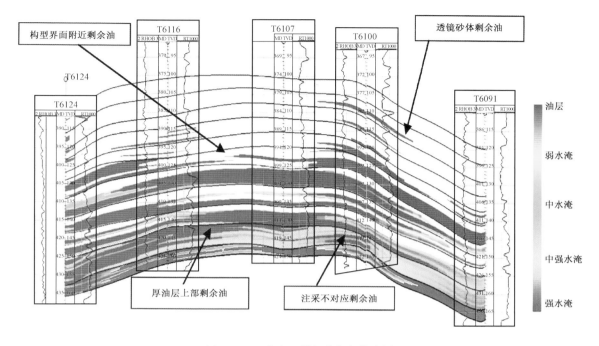

图 6 – 17　试验区剩余油分布模式图

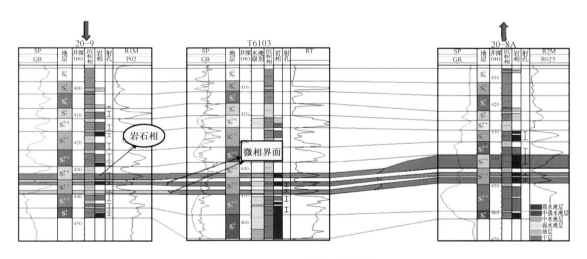

图 6 – 18　过 T6103 井剖面水淹状况

在注水过程中,由于渗流差异,注入水易沿高渗层突进,油井见水后,含水上升较快。示踪剂研究结果表明,高渗层厚度比例 3% ~ 5%,吸水比例却在 40% ~ 60%,主要分布有三种形态(图 6 – 19):

①　单峰偏态:占产出井总数的 45.5%,表明有特高渗透层;

②　双峰:占产出井总数的 9.1%,表明两个高渗层;

③　复合多峰:占产出井总数的 45.4%,表明多个高渗层。

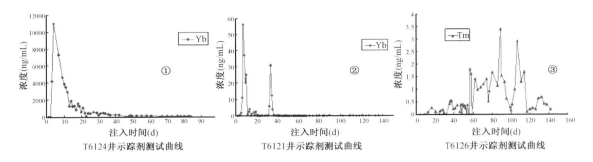

图 6 – 19　高渗层分布形态图

第五节　剩余油宏观分布特征

一、平面剩余油分布

由于注水开发的影响,剩余油多集中在水驱的前缘。六中区剩余可采储量大的区域主要在大面积区、六中东区(图 6 – 20),单井剩余可采储量大于 0.8×10^4t;其次为六中北、六中中与六中东相邻区域、六中中与 J151 井区相邻的区域,单井剩余可采储量大于 0.4×10^4t。

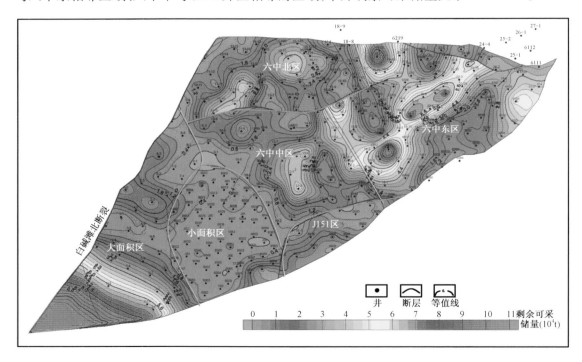

图 6 – 20　六中区克下组油藏剩余可采储量等值图

二、剖面剩余油分布

数值模拟表明剩余可采储量主要在 S_7^2、S_7^3 层,各单层剩余可采储量多在 $40 \times 10^4 t$ 以上,潜力较大(表 6 – 7)。

表 6 – 7　各层剩余储量

层位	S_6^1	S_6^2	S_6^3	S_7^1	S_7^{2-1}	S_7^{2-2}	S_7^{2-3}	S_7^{3-1}	S_7^{3-2}	S_7^{3-3}	S_7^4	T_2K_1
剩余地质储量($10^4 t$)	3.60	9.17	25.49	76.38	133.94	181.93	261.92	256.81	222.60	243.43	169.31	1584.90
剩余可采储量($10^4 t$)	1.74	1.45	11.36	17.97	33.35	15.29	53.44	49.61	12.63	34.74	26.74	258.32

第七章 长期水驱对冲积扇砾岩储层影响分析

油田投入注水开发后,一般来讲注入水的性质与油层内束缚水(或共存水)的物化性质将存在一定的差别。岩石、油、水共存体系原有的物理化学平衡条件的破坏和新的过程的产生,有时会发生水敏效应、颗粒迁移及某些矿物成分的溶蚀或沉淀作用,在不同程度上将给储层的力学结构、孔隙结构以微妙的影响,从而直接影响着注水开发效果[117—121]。

第一节 非膨胀性黏土矿物运移

在前面已经分析了六中区克下组储集层黏土矿物的类型、含量和产状,研究结果表明,黏土矿物绝对含量为 3.7% ~23.2%,平均 10.2%。以高岭石占优,相对含量平均为 68.4%,以蠕虫状、书页状集合体充填于粒间,为微粒运移主要颗粒源。当流速过大时,高岭石容易分散运移,堵塞喉道,导致储层原始孔隙结构特征发生改变。六中区克下组储层经过几十年的注水开发,对检验井岩心的铸体薄片观察表明,目前高岭石呈以下产状:

① 分散状孔隙角隅:分布于孔隙角隅处,但是高岭石微结构遭受破坏,冲刷强烈,呈分散、零乱状堆积于孔隙角隅。

② 粒间分散状产出:在孔隙无赋存规律,主要呈分散、零乱状堆积于孔隙中间,是微粒在运移过程中遇阻或者流速降低堆积的结果。

③ 集合状孔隙角隅:分布于孔隙角隅处的高岭石,流体难以波及,呈原始集合状产出,保持原始产出状态和晶体形态(图 7 - 1),高渗透带剩余油也主要富集在该类孔隙中。

 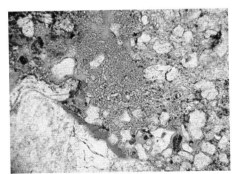

(J557井,422.7m)L=1mm   (J568井,503.87m)L=1mm

图 7 - 1 高岭石呈集合状孔隙角隅,微粒有溶蚀和运移特征

④ 赋存于其它颗粒表面:分散、集合状的高岭石分布于颗粒表面(图 7 - 2),颗粒包括骨架颗粒、水化云母等,集合状微粒局部有流体冲洗、破坏的特征(图 7 - 3 和图 7 - 4)。

产状①、②是发生运移微粒的主要产状,运移结果是主流喉道和与其连通的孔喉半径增大,连通性进一步改善,储层非均质性加强,注入水容易沿高渗透通道突进。储层中伊利石相对含量为 3.1%,它对孔隙结构影响程度低。

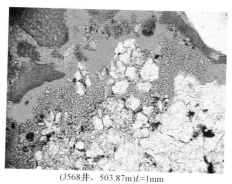

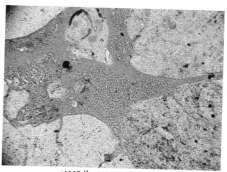

(J568井，503.87m)L=1mm

(J557井，422.7m)L=1mm

图7-2　高岭石呈分散、集合状赋存于其他颗粒表面，有明显运移和分散特征

图7-3　驱替前，高岭石晶形完整

图7-4　驱替后，高岭石晶形不完整

第二节　细粉砂级碎屑颗粒运移

六中区克下组砾岩储层为典型复模态结构，储层填隙物除黏土矿物以外，还包括细粉砂级碎屑颗粒，此类颗粒也可能发生运移，影响储层孔隙结构。碎屑颗粒在运移之前，主要分散充填粒间（图7-5），降低孔隙度，增大喉道迂曲度。

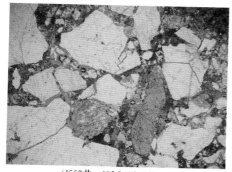

(J557井，405.9m)L=4.5mm

(J569井，559.65m)L=5.5mm

图7-5　颗粒分选差，填隙物含量高，包括粉砂、细砂和黏土等

储层注水开发后,细粉砂级碎屑颗粒呈两种产状:

① 未受注入水波及,保持原始产状,所在孔隙结构未发生明显变化。长期水驱后,填隙物中的颗粒发生运移,孔隙空间增大,含量明显降低,黏土、粉砂等微粒均被冲洗干净,孔喉变粗,连通性更好(图7-6),孔喉连通改善。

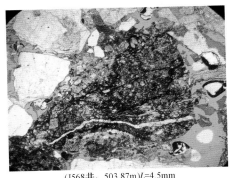

(J568井,503.87m)L=4.5mm　　　　　　(J568井,503.87m)L=4.5mm

图7-6　高渗透储层经过长期水驱孔喉结构特征

② 碎屑颗粒运移后堵塞喉道,降低渗透率。

对于类似六中区克下组储层而言,由于岩石为黏土胶结,而且胶结疏松,因此长期水驱后储层孔喉以变粗为主。

第三节　膨胀性黏土矿物分散运移

在注水开发过程中,由于注入水与储层原始的地层水存在一定差异,必然破坏黏土矿物原有的物理化学平衡,尤其是对于蒙皂石和伊/蒙间层矿物等水敏性黏土矿物。六中区克下组储层中伊/蒙间层相对含量平均为7.3%,间层比小于5%,总体上呈现出伊利石的特性。但是,由于蒙皂石遇水后膨胀能力极强,即使含量低,当膨胀后也会缩小储层孔隙空间和喉道大小。

第四节　水化云母变化特征

六中区克下组储层广泛发育水化云母,研究结果表明,在注水开发过程中水化云母对储层存在中等偏强的速敏和水敏损害。

为研究注水开发前后水化云母产状变化对储层孔隙结构的影响,主要采用观察对比检验井取心岩块磨制的大铸体薄片的方法,研究发现,在未受注入水强烈冲刷的区域中(图7-7),水化云母充填粒间,与骨架颗粒接触良好,云母片边缘呈现自然压实和塑性变形,形态基本保持原貌,未出现剥离和分离现象,代表注入水未或者弱波及云母产状。储层孔隙类型以残余粒间孔为主,喉道以片状为主,并发育微裂缝。

在主力油层和高渗透层,储层经过注入水长期冲洗,地层中微粒,包括黏土、云母、粉砂等,发生了分散和运移,重点观察水化云母产状变化特征,通过观察大铸体薄片发现,水化云母主要有三种产状:孤岛状、剥离状和水化膨胀状态。

(1)孤岛状:孤岛状水化云母呈片状分散于孔隙内部(图7-8),彼此孤立产出。云母边缘呈港湾状不规则形态,大小不均,明显是被溶蚀残余或者遭受溶蚀的特征。这种产状是长期水驱油条件下水化云母的主要产状。

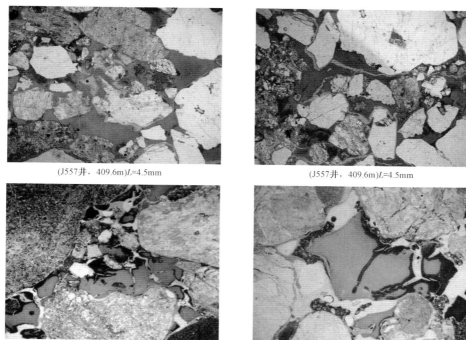

(J557井，409.6m)L=4.5mm

(J557井，409.6m)L=4.5mm

(J569井，563.13m)L=4.5mm

(J569井，563.13m)L=4.5mm

图7-7 低渗岩心中的水化云母，代表注入水未或者弱波及云母产状

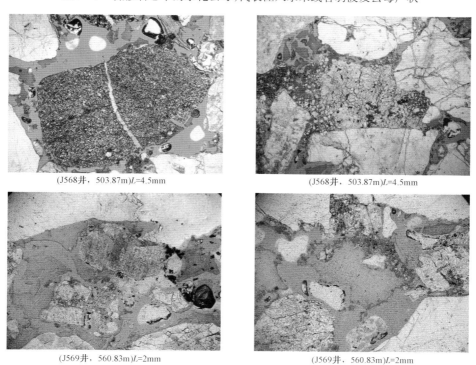

(J568井，503.87m)L=4.5mm

(J568井，503.87m)L=4.5mm

(J569井，560.83m)L=2mm

(J569井，560.83m)L=2mm

图7-8 水化云母在孔隙中呈孤岛状，边缘呈溶蚀港湾状，大小不均分布

（2）剥离状：和原始水化云母产状相比，部分或全部剥离骨架颗粒表面（图7-9），可能与长期水冲洗或者压裂破坏岩石骨架有关。这种产状比较少见。

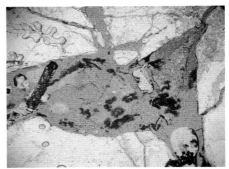

（J569井，560.83m）*L*=2mm　　　　　（J568井）*L*=2mm

图7-9　水化云母从颗粒表面剥离下来，孔喉半径增加

（3）水化膨胀：水化云母片部分蚀变或完全蚀变，其边缘膨胀，边缘成扫帚状（图7-10），部分晶体已经从母体脱落，形成可移动微粒。在正交偏光镜下水化后的颗粒光性明显变差，只能隐约见到一定光性。云母水化膨胀是云母常见的产出形式。

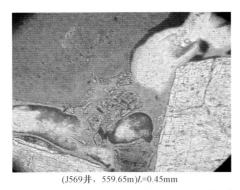
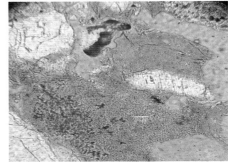

（J569井，559.65m）*L*=0.45mm　　　　　（J569井，559.65m）*L*=0.45mm

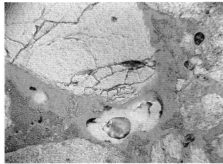
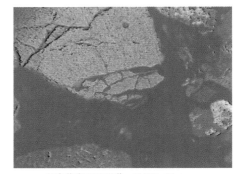

（J568井，515.75m）*L*=1mm　　　　　正交偏光下（J568井，515.75m）*L*=1mm

图7-10　云母水化膨胀

利用铸体和电镜，对检验井孔隙结构参数进行了鉴定，鉴定结果表明，储层长期水驱后主力储层微粒运移严重，主要是高岭石、粉砂级颗粒等微粒，呈分散状、集合状孔分布于孔隙角隅

和分散状粒间分布。云母发生水化膨胀,具有典型的溶蚀特征,呈孤岛、剥离状产出。总体来说,长期注水开发,孔隙中填隙物被运移、溶蚀,含量大幅度降低,发生运移的颗粒堵塞在低渗层或者孔隙角隅,主力储层孔喉结构明显增大,储层微观非均质性进一步增强。

第五节 孔隙结构变化定量评价

油田在注水开发过程中容易造成储层的颗粒分散、运移,形成二次孔道,储层孔隙结构发生改变,流体渗流场变化,最终影响开发效果[122—128]。下面重点评价室内长期水驱油实验对储层孔隙结构参数影响。

一、水驱油对孔隙分布定量评价

从长期水驱前后 T_2 谱可以看出:长期水驱导致胶结松散的微小颗粒、泥质等发生移动,岩心孔隙空间增大,中小孔隙相对明显(图 7-11 和图 7-12,表 7-1)。

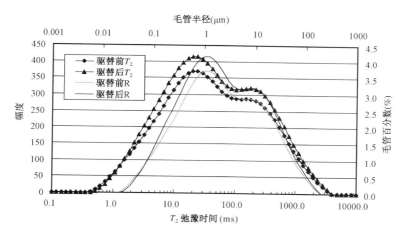

图 7-11 岩心长期水驱前后 T_2 谱和毛管半径变化(渗透率 $42.16 \times 10^{-3} \mu m^2$)

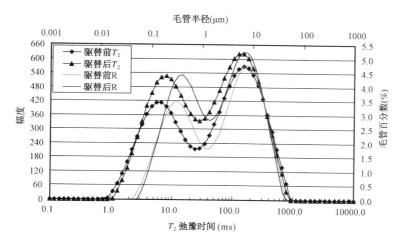

图 7-12 岩心长期水驱前后 T_2 谱和毛管半径变化(渗透率 $2 \times 10^{-3} \mu m^2$)

表7－1 长期水驱后不同级别孔隙空间变化情况

岩心号	水驱后孔隙空间/水驱前孔隙空间（%）			
	总	小	中	大
1－22/30	1.12	1.12	1.12	1.12
10－24/27	1.05	1.12	1.09	0.97
16－16/26	1.17	1.13	1.48	1.07
16－23/26	1.20	1.08	1.59	1.07
10－12/27	1.06	1.21	1.08	0.97

二、水驱油对岩心有效喉道分布定量评价

1. 有效喉道分布测试方法

在测试岩心孔径时，常用的方法是常规压汞和恒速压汞。常规压汞法只能测出孔隙和喉道两者共同的体积，而恒速压汞法可以分别测出孔径、喉道各自的体积分布[125、126]。无论是常规压汞还是恒速压汞法对同一个岩心不具备重复测试的条件，为了对比同一个岩心在水驱油前后有效喉道的变化，研究采用了毛管流动孔隙结构仪测试岩心实验前后有效喉道的变化。

美国多孔介质公司（Porous Materials,Inc）生产的毛管流动孔隙结构仪（Capillary Flow Porometry，简称CFP）为测定储集层有效孔喉尺寸提供了有效手段。

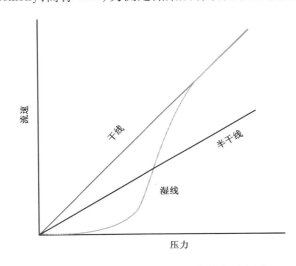

图7－13 CFP样品测试的原始曲线示意图

毛管流动孔隙结构分析仪（CFP）由压力传感器，流量传感器，各种脉冲阀、岩心夹持器等硬件组成。

测试样品分两步，首先将样品烘烤干，氮气驱替，测出驱替压差和气体流量的关系，该曲线称为干曲线。然后岩心抽空饱和润湿相，再氮气驱替，测出驱替压差和气体流量的关系，该曲线称为湿曲线。干、湿曲线测试流量的平均值与对应压差值构成一条半干曲线（图7－13）。

测试介质：非润湿性介质是 N_2，润湿性介质为润湿性好的 GALWICK 专用介质；专用介质与氮气的界面张力为16.272mN/m，由于专用介质太昂贵，而且国内无法购买，所以大大限制了设备的使用。后经过试验对比，使用盐水来代替润湿性介质也能够取得较好的测试结果。

实际岩石的孔喉形态是千姿百态的，将一个孔隙中最狭窄的部位定义喉道。圆形截面积的喉道大小可以直接用该截面积的直径加以定义；而非圆形截面积的喉道直径用具有相同渗流能力的圆形喉道折算，压汞和CFP两种测试方法这点的原理相同。

设孔隙形状为圆柱形,则排空某一种孔隙所需的压差 P_c:

$$P_c = \frac{2\sigma\cos\theta}{r} \qquad (7-1)$$

式中　r——喉道半径,μm;

　　　σ——气水界面张力,mN/m;

　　　θ——接触角;

　　　P_c——驱替压差,MPa。

毛管流动孔隙仪所测的参数有:最大喉道直径,平均喉道直径,有效喉道直径分布范围,气体的渗透率。

最大喉道直径为湿线测试中,气体突破时对应的喉道大小。

平均孔隙直径等于半干曲线与湿线交点对应的直径,此时,大于和小于此直径范围的孔隙各占一半。从测试工作的过程不难发现,所测的孔喉分布是指各种不同大小喉道对流量的贡献,而不是各种喉道对体积的贡献,测试的有效孔喉大小,不包括盲孔,这是毛管流动孔隙仪与压汞仪所测的孔隙分布的区别。

压汞测试中由于汞密度大,存在一定的汞不可进饱和度,对应的微孔喉无法表征。CFP 测试仪器的最大驱替压差为 3.5MPa,仍有部分喉道无法测试出来,但理论讲只要干线和湿线能够最后闭合,就表明湿线测试过程中润湿介质基本被驱替干净,有效喉道都参与了渗流,计算结果能够代表样品有效喉道的分布特点。

2. 测试结果分析

从渗流理论角度运用单相流模型分析表明:模型中只考虑黏滞力作用,毛管流动公式为:

$$q = \frac{\pi r^4 \Delta p}{8\mu L} \qquad (7-2)$$

或

$$V = \frac{r^2 \Delta p}{8\mu L} \qquad (7-3)$$

式中　Δp——压差,MPa;

　　　r——毛管半径,μm;

　　　L——岩心长度,cm;

　　　q——在压差 Δp 下,通过岩心的流量,cm^3/s;

　　　V——流动速度,cm/s。

上述公式表明,在压差、黏度和岩心长度均相同时,毛管中液体流动速度与管径平方成正比。如毛管半径分别为 r_1、r_2;且 $r_1 > r_2$;则其流速之比为:

$$V_1/V_2 = (r_1/r_2)^2 \qquad (7-4)$$

故

$$V_1 = (r_1/r_2)^2 V_2 \qquad (7-5)$$

若毛管半径相差 10 倍,则流速会相差 100 倍。因此,在外加压差作用下,渗流主要发生在岩石大孔道中,一部分小孔道可能未参与流动。

砾岩储层孔喉直径大,是砂岩的几十至几百倍;喉道细长、折曲,孔隙配位数低,多相流体运动时渗流阻力明显。当砾岩储层孔隙结构非均质性强、孔喉比大时驱油效率低,非均质性弱、孔喉比小时驱油效率高。

对六中区克下组 I 类储层岩心恒压驱替前后的有效喉道直径及其对渗透率的贡献值进行了对比(图 7 – 14、图 7 – 15),对比测试结果发现,41 – 3#岩心(渗透率 $328 \times 10^{-3} \mu m^2$)低压(0.21MPa)驱替、46 – 2#岩心(渗透率 $674 \times 10^{-3} \mu m^2$)中压(0.35MPa)恒压驱替后有效喉道分布的峰型基本未发生变化。由于微粒运移明显,直径较大的有效喉道分布频率明显增多,但是对渗透率贡献的主流喉道未变,即主流喉道总体上未发生堵塞。说明在水驱油过程中,有效喉道大、连通良好的渗流区域,水驱前后受波及程度高。在遭受长期冲刷后,有效喉道半径增大,物性变好,储层孔喉分布的微观非均质性增强。

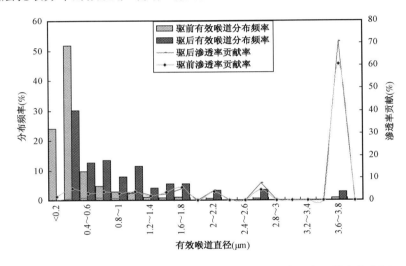

图 7 – 14　41 – 3#岩心水驱油前后有效喉道及其对渗透率贡献率变化图

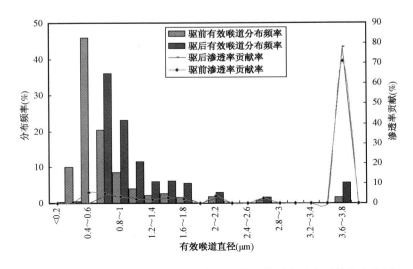

图 7 – 15　46 – 2#岩心水驱油前后有效喉道及其对渗透率贡献率变化图

第八章 结 论

以现代沉积学与储层地质学为指导,对克拉玛依六中区克下组砾岩储层内部构型进行深入解剖,形成一套砾岩储层的构型分析方法;从砾岩储层特点和渗流机理研究着手,通过室内实验,认识砾岩储层的水驱油机理及变化规律,重点分析影响水驱油效率的主要因素;取得认识如下:

(1)提出了冲积扇构型模式。

按构型要素的定义和构型分析的原理,对冲积扇构型进行分级:七级构型为冲积扇复合体,六级构型为单一冲积扇体。按照分相带构型研究的思路,划分单一冲积扇体内部构型要素(五级—三级)的分级系统,明确了二级——一级构型单元。

扇根内带亚相仅发育于 S_7^4 北西部位。扇根亚相分布于冲积扇根部,沉积坡度角大,快速堆积,形成砂砾岩泛连通体。片流砂砾体纵横向叠置成泛连通体,侧向上分布有基岩残丘,内部具不稳定夹层(漫流细粒沉积与钙质胶结)。

S_7^4—S_7^{3-2} 主要为扇根外带沉积,洪水出主槽后,快速堆积(片流砂砾坝),形成泛连通体。片流砂砾体横向叠置成泛连通体,垂向多期片流砂砾体叠置,在局域内具层间隔层(漫流细粒沉积),砂砾体内部具不稳定夹层(漫流细粒沉积与钙质胶结)。

S_7^1—S_7^{3-1} 主要为扇中亚相沉积,片流带演变为辫流带,辫流水道发育,其间为漫流细粒沉积,形成多个被泥岩分隔的连通体。辫状水道叠合成宽带状连通体,S_7^{3-1} 至 S_7^1 主体为辫流水道沉积,砂体由宽带状逐渐演变为窄带状。侧向被漫流泥岩分隔,垂向隔层较连续,单一水道间具有不稳定夹层。

S_6 主要为扇缘亚相沉积,水道窄,与漫流砂体构成窄带状连通体,侧向被漫流泥岩分隔;垂向隔层连续。

(2)分析了砾岩储层渗流差异特征。

不同岩性物性差异较大,其中含砾粗砂岩物性最好;不同构型单元间物性差异较大,其中辫流水道物性最好,砂砾坝顶部物性次之。

储层平面非均质性主要受控于沉积相,从 S_7^4—S_7^1 平面非均质增强;剖面上 S_7^{2-3} 储层物性最好,向上、向下物性均变差。

底部(S_7^{3-3} 与 S_7^4、S_7^{3-2}—S_7^{3-3})隔层厚度薄,稳定程度低,中上部隔层厚度较大,稳定程度高。

储层层内非均质性均很强,其中 S_6 砂组以及 S_7^4 小层层内非均质性较强,中部相对较弱。

S_7^2、S_7^1 砂砾岩体之间夹层数少而薄,夹层平面延伸距离一般小于125m;S_7^4、S_7^3 砂砾岩体之间夹层比较发育,夹层平面延伸距离一般在 125～250m;由下向上钙质夹层减少,泥质夹层增加。

(3)总结了砾岩储层水驱油规律。

无水采油期短,在中高含水期采收率仍可大幅度提高;在不同岩性中含砾粗砂岩采收率最高,在不同沉积相中辫流水道沉积采收率最高,S_7^{2-3} 层和 S_7^{3-1} 层采收率最高。

(4) 全面系统分析了影响砾岩储层水驱油效率的主要因素。

① 孔隙结构是影响驱油效率的关键因素。② 润湿性影响束缚水和残余油的分布,并影响水驱过程中油水运动状态和驱油效率。③ 驱替速度越高,无水采收率越低,在相同 PV 下,采出程度越低。④ 高渗透岩心在高驱替压力下更容易形成水窜,降低采收率;低渗储层,增加水驱压力,能够提高微观驱油效率。⑤ 宏观水驱采收率受渗透率级差与平均渗透率双重影响;渗透率级差越小最终采出程度越高;平均渗透率越大,最终采出程度越大。⑥ 原油性质对水驱开发效果影响较大,原油黏度越高,水驱开发效果越差。⑦ 周期注水利用油层弹性力和毛细管力作用,可以达到稳油控水的目的。

(5) 研究了剩余油微观分布特征。

① Ⅰ类高孔、高渗储层:剩余油以油斑、油珠附着于孔隙壁面。② Ⅱ类中孔、高渗储层:剩余油富集于小孔道及盲孔。③ 中孔、中渗储层:剩余油富集于小孔道及盲孔。④ 低孔、低渗储层:剩余油以段塞形式存在于孔隙中。⑤ 目前剩余油主要分布在中小孔隙中。

(6) 研究了剩余油宏观分布类型。

① 扇缘砂体呈窄带状分布,井网很难控制,剩余油富集。② 不同期单砂体之间存在构型界面,导致注采不对应,构型界面附近剩余油富集。③ 封闭性断层影响注采关系,形成剩余油。④ 层间动用差异形成的剩余油。⑤ 层内动用差异形成的剩余油。

(7) 长期水驱对砾岩储层影响分析。

长期水驱导致胶结松散的微小颗粒、泥质等发生移动,使储层孔隙空间增大,有效喉道半径增大,物性变好,储层孔喉分布的微观非均质性增强。

参 考 文 献

［1］ Allen J. R. L. Studies in fluviatile sedimentation：bars，bar complexes and sandstone sheets（lower－sinuosity braided streams）in the Brownstones（L. Devonian），Welsh Borders. Sediment Geol. 1977，33：237～293.

［2］ Miall A. D. Architectural－element analysis：a new method of facies applied to fluvial deposits［J］. Earth SciRev，1985，22：261～308.

［3］ Miall，A. D. The Geology of Fluvial Deposits：Sedimentary Facies，Basin Analysis and Petroleum Geology ［M］. Berlin，Heidelberg. New York：Springer－Verlag. 1996：57～98.

［4］ 尹太举，张昌民，樊中海等. 地下储层建筑结构预测模型的建立. 西安石油学院学报：自然科学版. 2002， 17（3）：7～14.

［5］ 尹太举，张昌民，汤军等. 马厂油田储层层次结构分析. 江汉石油学院学报. 2001，23（4）：19～21.

［6］ 赵翰卿. 储层非均质体系、砂体内部建筑结构和流动单元研究思路探讨. 大庆石油地质与开发. 2002，21 （6）：16～18.

［7］ 王多云，李凤杰，王峰等. 储层预测和油藏描述中的一些沉积学问题. 沉积学报. 2004，22（2）：193～196.

［8］ 姚光庆，李联五，孙尚如. 砂岩储层构成定量化分析研究思路与方法. 地质科技情报. 2001，20 （1）：35～38.

［9］ Pettijohn，F. J. Sand and sandstone［M］. Berlin：springer－verlag，1973.

［10］ Miall，A D. Architectural Elements and Bounding Surfaces in Fluvial Deposits：Anatomy of the Kayenta Formation（LowerJurassic），Southwest Colorado. Sedimentary Geology. 1988，155：233～262.

［11］ Miall，A D. hierarchies of architectural units in clastic rocks，and their relationship to sedimentation rate. In：Miall AD，Tyler N. The three－dimensional facies architecture of terrigenous clastic sediments，and its implications for hydrocarbon discovery and recovery［C］. Soc Eco Paleontol Mineral Conc Sedimentol Paleontol，1991，3：6～12.

［12］ Miall A D. The Geology of Fluvial Deposits：Sedimentary Facies，Basin Analysis and Petroleum Geology. Berlin，Heidelberg. New York：Springer－Verlag. 1996：57～98.

［13］ 马立祥. 砂岩油气储层构型分析及其在国内的应用前景. 天然气地球科学. 1991，3（2）：11～16.

［14］ 马立祥. 油田内5级界面层序沉积微相制图的意义及其实现途径. 石油实验地质. 1997，19（3）： 267～273.

［15］ 张昌民，林克湘，徐龙等. 储层砂体建筑结构分析. 江汉石油学院学报. 16（2）：1～7.

［16］ 焦养泉，李思田. 陆相盆地露头储层地质建模研究与概念体系. 石油实验地质. 1998，20（4）：346～352.

［17］ 李庆明，鲁国富. 储层建筑结构要素的综合识别. 河南石油. 1998，12（3）：13～17.

［18］ 陈清华，曾明，章凤奇等. 河流相储层单一河道的识别及其对油田开发的意义. 油气地质与采收率. 2004，11（3）：13～15.

［19］ 何文祥，吴胜和. 河口坝砂体构型精细解剖. 石油勘探与开发. 2005，32（5）：42～45.

［20］ 何文祥，吴胜和. 地下点坝砂体内部构型分析——以孤岛油田为例. 矿物岩石. 2005，25（2）：81～86.

［21］ 赵翰卿，付志国，吕晓光等. 大型河流—三角洲沉积储层精细描述方法. 石油学报. 2000，21（4）： 109～113.

［22］ 李庆明，陈程，刘丽娜. 双河油田扇三角洲前缘储层建筑结构分析. 河南石油. 1999，13（3）：14～19.

［23］ 岳大力，吴胜和，谭河清等. 曲流河古河道储层构型精细解剖—以孤东油田七区西馆陶组为例. 地学前缘. 2008，15（1）：101～109.

［24］ 徐振永，吴胜和，杨渔等. 地下曲流河沉积点坝内部储层构型研究以大港油田一区一断块 Dj5 井区为例. 石油地球物理勘探. 2007，42（增刊）：86～89.

［25］ 新疆石油管理局油田研究所. 露头注水试验. 石油勘探与开发. 1978（6）：68～79.

［26］ 李庆昌，吴虻，赵立春等. 砾岩油田开发. 北京：石油工业出版社，1997.

[27] 郭尚平,黄延章,周娟等. 物理化学渗流微观机理. 北京:科学出版社,1990.

[28] 陈亮,彭仕宓,聂吕谋. 胡状集油田胡十二断块剩余油微观形成机理研究. 断块油气田,1997,4(4):43～45.

[29] 朱义吾,曲志浩,孙卫等等. 长庆油田延安组油层光刻显微空隙模型水驱研究. 石油学报 1989(3):40～47.

[30] 孔令荣,曲志浩,万发宝等. 砂岩微观孔隙模型两相驱替实验. 石油勘探与开发,1991,(4):79～84.

[31] 孟江. 水驱油藏剩余油微观分布模拟研究一以大庆杏树岗十一十二区为例. 成都理工大学博士学位论文. 2007.

[32] Nguyen Q P,Rossen W R,Zitha P L J. Determination of gas trapping with foam using X－ray and effluent analysis. SPE 94764,2005.

[33] Nguyen Q P,Zitha P L J. Currie P K. CT study of liquiddiversion with foam. SPE 93949,2005.

[34] 施晓乐,盛强,李玉彬. 对人造模型水驱油模拟实验的 CT 扫描跟踪技术. CT 理论与应用研究. 2003,12(2):26～29.

[35] 高建,韩冬,王家禄等. 应用 CT 成像技术研究岩心水驱含油饱和度分布特征. 新疆石油地质. 2009,30(2):269～271.

[36] 王瑞飞,陈军斌,孙卫等. 特低渗透砂岩储层水驱油 CT 成像技术研究. 地球物理学进展. 2008,23(2):864～870.

[37] 郭公建,谷长春. 水驱油孔隙动用规律的核磁共振实验研究. 西安石油大学学报(自然科学版). 2005,20(5):45～48.

[38] 邓瑞健. 核磁共振技术在水驱油实验中的应用. 断块油气田. 2002,9(4):33～37.

[39] 陈民锋,姜汉桥. 基于孔隙网络模型的微观水驱油驱替特征变化规律研究. 石油天然气学报(江汉石油学院学报). 2006,28(5):91～95.

[40] 侯建,李振泉,关继腾等. 基于三维网络模型的水驱油微观渗流机理研究. 力学学报. 2005,37(7):783～787.

[41] 李振泉,侯健,曹绪龙等. 储层微观参数对剩余油分布影响的微观模拟研究. 石油学报. 2005,25(5):69～73.

[42] Galloway W E,Hobday D K Terrigenous clastic deposition systems,Springer,New York,1983.

[43] Hooke R,L. Processes on arid － region alluvial fans. J. Geol. 1969,75.

[44] McGowen H,Groat C G. Ban Horn Sandstone,west Texas:an alluvial fan model for mineral exploration. Rep. Bureau Econ Geol,Univ. Texas,Austin,Invest. 1971,72.

[45] Gole C V,Chitale S V. Inland delta building activity of Kosi River. Am. Soc. Civ. Engr,J. Hydraul. Div. ,1966,92:111～126.

[46] Stanistreet I G,McCarthy T S. The Okavango Fan and the classification of subaerial fan systems. Sedimentary Geology,1993(85):115－133.

[47] 张纪易. 克拉玛依洪积扇粗碎屑储集体. 新疆石油地质,1980.1(1):33－53.

[48] 林玉保,张江,王新江. 喇嘛甸油田砂岩孔隙结构特征研究. 大庆石油地质与开发. 2006,25(6):39～42.

[49] 罗蛰潭. 油气储集层的孔隙结构. 北京:科学出版社,1986.

[50] 蔡忠. 储集层孔隙结构与驱油效率关系研究. 石油勘探与开发. 2000,27(6):45－46.

[51] 熊敏,王勤田. 盘河断块区孔隙结构与驱油效率. 石油与天然气地质. 2003,24(1):42～44.

[52] 何更生. 油层物理. 北京:石油工业出版社,1993.

[53] 李艳,范宜仁,邓少贵等. 核磁共振岩心实验研究储层孔隙结构. 勘探地球物理进展. 2008,31(2):129～132.

[54] 陈晓春. 基于 K－Means 和 EM 算法的聚类分析. 福建电脑. 2009(2):79～80.

[55] 张建萍,刘希玉.基于聚类分析的 K - means 算法研究及应用.计算机应用研究.2007,24(5):166~168.

[56] 李双虎,王铁洪.K - means 聚类分析算法中一个新的确定聚类个数有效性的指标.河北省科学院学报.2003,20(4):199~202.

[57] 熊敏,王勤田.盘河断块区孔隙结构与驱油效率.石油与天然气地质.2003,24(1):42~44.

[58] 王夕宾,钟建华,王勇等.濮城油田南区沙二上4-7砂层组储层孔隙结构及与驱油效率的关系.应用基础与工程科学学报.2006,14(3):324~331.

[59] 高约友,张新宇.双河油田砂砾岩油藏不同孔隙结构水驱油效率研究.河南石油.1998(增刊):27~30.

[60] 王尤富,凌建军.低渗透砂岩储层岩石孔隙结构特征参数研究.特种油气藏.1999,6(4):25~28.

[61] 张绍东,王绍兰,李琴等.孤岛油田储层微观结构特征及其对驱油效率的影响.石油大学学报(自然科学版).2002,26(3):47~52.

[62] 陈蓉,曲志浩,赵阳等.油层润湿性研究现状及对采收率的影响.中国海上油气(地质).2001,15(5):350~355.

[63] 鄢捷年.油藏岩石润湿性对注水过程中驱油效率的影响.石油大学学报(自然科学版).1998,22(3):44~46.

[64] 蒋明煊.油藏岩石润湿性对采收率的影响.油气采收率技术.1995,2(3):25~31.

[65] 周显民,马启贵,徐盛家编译.油藏润湿性对水驱油效率的影响.大庆石油地质与开发.1994,13(1):70~71.

[66] 刘中云,曾庆辉,唐周怀等.润湿性对采收率及相对渗透率的影响.石油与天然气地质.2000,21(2):148~150.

[67] 舒小彬,刘建成,韩传见等.储层岩石润湿性对开发的影响.内蒙古石油化工.1996,1:135~136.

[68] 李俊刚,改变岩石润湿性提高原油采收率机理研究.大庆石油学院硕士研究生学位论文.2006.

[69] 于世平.东辛油田提高水驱采收率影响因素分析.中南大学硕士学位论文.2007.

[70] 李娟.微观光刻模型驱油实验研究.江苏石油勘探与开发论文选编,2004.

[71] 章雄冬,马慧杰,李忠杰等.真实砂岩微观模型水驱油实验简介.华东油气勘查.2006,24(2).

[72] 王自明,宋文杰,刘建仪等.轮南古潜山碳酸盐岩油藏长岩心驱替实验成果.新疆石油地质,2006,27(1):68~70.

[73] 仓辉,杨永亮,陈建琪.温西三块注气非混相驱长岩心试验研究.吐哈油气.2005,10(1):29~31.

[74] 葛永涛,巢忠堂,陈其荣.CO_2 长岩心驱替试验技术研究.小型油气藏.2000,5(3):38~42.

[75] 胡志明,郭和坤,熊伟.核磁共振技术采油机理.辽宁工程技术大学学报(自然科学版),2009,28(增刊):38~40.

[76] 孙孟茹,张星,耿洪章.水、油接触过程中原油黏度变化的试验研究.石油大学学报(自然科学版).2003,27(2):63~66.

[77] 贺凤云,于天忠,张继芬等.水驱对储层和地层原油性质的影响.大庆石油学院学报.2002,26(2):21~23.

[78] 李玉桓,曹革新,杨济学.水驱油物模试验及原油在水驱过程中组分变化的分析研究.录井技术.2000,11(3):42~49.

[79] 李春兰,张丽华,郎兆新.挥发油油藏原油不同脱气程度水驱油效率实验室研究.断块油气田.1996,3(6):38~40.

[80] 陈祖林,朱扬明,陈奇.油层不同开采时期原油组分变化特征.沉积学报.2002,20(1):169~173.

[81] 赵睿,Roger.T,石磊.模糊逻辑和神经网络及其在含油饱和度预测中的应用.测井技术.2007,31(4):327~330.

[82] 张玎,梅红,冉文琼.应用人工神经网络识别水淹层.测井技术.1996,20(3):210~214.

［83］申辉林,高松洋.基于 BP 神经网络进行裂缝识别研究.新疆石油天然气.2006,2(4):39～42.

［84］许少华,刘扬,何新贵.基于过程神经网络的水淹层自动识别系统.石油学报.2004,25(4):54～57.

［85］孔详铎译.苏联西西伯利亚和鞑靼周期注水效果.石油勘探开发译丛.1981,(4).

［86］罗昌燕译.苏联伊姆地区的周期注水.石油勘探与开译丛.1982,(12).

［87］何芬,李涛.周期注水提高水驱效率技术研究.特种油气藏.2004,11(3):53～54.

［88］张继春,柏松章,张亚娟等.周期注水实验及增油机理研究.石油学报.2003,24(2):76～80.

［89］黄延章,尚根华.用核磁共振成像技术研究周期注水驱油效果.石油学报.1995,16(4):62～67.

［90］梁春秀,刘子良,马立文.裂缝性砂岩油藏周期注水实践.大庆石油地质与开发.2000,19(2):24～26.

［91］沈政,裴柏林.地质因素对周期注水影响的数值模拟研究.内蒙古石油化工.2009,(5):121～122.

［92］殷代印,翟云芳,卓兴家.非均质砂岩油藏周期注水的室内实验研究.大庆石油学院学报.2000,24(1):82～84.

［93］向东,王洪琴,张风兰等.濮城油田西区高含水油藏周期注水驱油试验.江汉石油学院学报.2003,25(增刊上):109.

［94］袁文芳,王磊,南江峰等.周期不稳定注水技术的研究及应用,内蒙古石油化工.2009,(2):68～69.

［95］孟翠萍,韩新宇,汪惠娟等.周期注水提高采收率研究及应用,内蒙古石油化工.2005,(1):72～73.

［96］夏文飞,高维衣,韩中英.周期注水原理与现场应用,油气田地面工程.2003,22(12):20～21.

［97］Timur A. Pulsed Nuclear Magnetic Resonance Studies ofPorosity,Movable Fluid,and Permeability of Sandstones［J］. Journal of Petroleum Technology. 1969,21(6):775～786.

［98］Wang W,Miao S,Liu W,et al. Using NMR technology to determine the movable fluid index of rock matrix in Xiao guai Oil－field. SPE 50903,1998.

［99］王为民,郭和坤,叶朝辉.利用核磁共振可动流体评价低渗透油田开发潜力.石油学报.2001,22(6):40～44.

［100］杨正明,苗盛,刘先贵等.特低渗透油藏可动流体百分数参数及其应用.西安石油大学学报(自然科学版).2007,22(2):96～99.

［101］刘曰强,朱晴,梁文发等.利用核磁共振技术对丘陵油田低渗储层可动油的研究.新疆石油地质.2006,24(1):52～54.

［102］宋明会.核磁共振录井可动流体 T_2 截止值确定方法.录井工程.2007,18(3):5～8.

［103］孙建孟,李召成,耿生臣等.核磁共振测井 T2cutoff 确定方法探讨.测井技术.2001,25(3):175～178.

［104］冯进,孙友.核磁共振测井 T_2 截止值的确定方法.中国海上油气,2008,20(3):181～183.

［105］汪中浩,章成广,肖承文等.低渗透储层截止值实验研究及其测井应用.石油物探.2004,43(5):508～510.

［106］李海波.岩心核磁共振可动流体 T_2 截止值实验研究.中国科学院研究生院硕士学位论文.2008.

［107］彭石林.核磁共振技术在石油分析和探测中的应用.中国科学院研究生院博士学位论文.2006.

［108］李艳.复杂储层岩石核磁共振特性实验分析与应用研究.中国石油大学硕士学位论文.2007.

［109］徐春华,赵福贞,邢舟等.低孔隙度岩心测定的油水饱和度值校正方法探讨.南方油气.2005,18(1):60～62.

［110］张宏志,曲斌,张秋.保压岩心油、气、水饱和度分析及脱气校正方法.大庆石油地质与开发.1997,16(2):47～51.

［111］王艺景,黄华,刘志远.取心分析饱和度数理统计校正方法及其应用.江汉石油学院学报.2000,22(4):42～44.

［112］张斌成,谢治国,刘瑛.吐哈油田密闭取心岩样饱和度分析及校正方法.吐哈油气.2005,10(3):251～254.

［113］杨克兵,张善成,黄文革.密闭取心井岩石饱和度测量数据校正方法.测井技术.1998,22(2):71～74.

［114］李硕,郭和坤,刘卫等.利用核磁共振技术研究岩心含油饱和度恢复.石油天然气学报.2007,29(2):

62～65.

[115] 郭公建,谷长春.核磁共振岩屑含油饱和度分析技术的实验研究.波谱学杂志.2005,22(1):67～73.

[116] 王为民,赵刚,谷长春等.核磁共振岩屑分析技术的实验研究.石油勘探与开发.2005,32(1):56～59.

[117] 王传禹,杨普华,马永海.大庆油田注水开发过程中油层岩石的润湿性和孔隙结构的变化.石油勘探与开发.1981,54～67.

[118] 李军,蔡毅,崔云海.长期水洗后储层孔隙结构变化特征.油气地质与采收率.2002,9(4):68～70.

[119] 蔡毅,杨雷,赵跃华等.长期水洗前后双河油田储层微观特征变化规律.大庆石油地质与开发.2004,23(1):24～26.

[120] 单华生,姚光庆,周锋德.储层水洗后结构变化规律研究.海洋石油.2004,24(1):62～66.

[121] 张嘉友,王之斌,吴岚等.蒙古林油田砂岩油藏注水开发中后期孔隙结构特征研究.内蒙古石油化工.2000,4:244～247.

[122] 闫育英,李建荣,黄仁平.注水开发对储集层孔隙结构的影响.油气地质与采收率.2001,8(2):58～60.

[123] 李继红,曲志浩,陈清华.注水开发对孤岛油田储层微观结构的影响.石油实验地质.2001,23(4):424～428.

[124] 黄思静,杨永林,单钰铭等.注水开发对砂岩储层孔隙结构的影响.中国海上油气(地质).2000,14(2):122～128.

[125] 张人雄,李晓梅,王正欣等.单向水平流动压汞与常规压汞技术对比研究.石油勘探与开发.1998,25(6):61～62.

[126] 朱永贤,孙卫,于锋.应用常规压汞和恒速压汞实验方法研究储层微观孔隙结构——以三塘湖油田牛圈湖区头屯河组为例.天然气地球科学.2008,19(4):553～556.